ちくま新書

太平洋戦争 日本語諜報戦

——言語官の活躍と試

武田珂代子
Takeda Kayoko

1347

太平洋戦争　日本語諜報戦——言語官の活躍と試練【目次】

第四章　カナダ政府の躊躇　163

序章　熊本・九州学院に残された名簿

†監視される二世学生

熊本市の九州学院（私立の中高一貫校）には、太平洋戦争が始まる前から戦中にかけて同校で学んだ日系アメリカ人・カナダ人二世の名簿が残っている。

ハワイや北米に移住した一世の中には、現地で生まれた子どもたち（二世）に祖国の言語や文化を学ばせたいなどの思いから、子どもたちを自分の出身地の親戚宅に送り、日本で教育を受けさせる者がいた。

特に一九三〇年代は、日本が金本位制から離脱したことで円安が生じ、日本への渡航費が安上がりになったこともあり、多くの二世が留学のために、また新境地を求めて渡日した。それは、不況下にある北米での人種差別や偏見による就職難から逃れ、新たな帝国主義勢力として台頭する日本で仕事の機会を求める、あるいは将来日本との「架け橋」になることを期待しての動きだった。また、激しい排日感情の吹き荒れる北米での生活に終止符を打ち、帰国を決意した一世の親と行動をともにした二世もいる。

ハワイや北米で生まれ育ち日本語力の弱かった二世を受け入れる日本の学校は限られていた。戦前、広島、沖縄に次いで最も多くの移民を出した「移民県」として知られる熊本でも、特別な日本語クラスを用意するなどして二世の生徒を進んで受け入れる中等教育機関は数校しかなかった。その一つが九州学院である。

同学院は一九一一年にアメリカ人宣教師によって創設されたルーテル教会系のミッションスクールで、宣教師や米国留学経験者が教鞭をとるなど従来から米国とのつながりがあり、日系二世の受け入れに熱心だった。移民の奨励や支援を行う熊本移民協会との連携もあり、二世のための日本語強化クラスや帰国を前提としたカリキュラムを設置するなど公立高校では見られない柔軟な対応をしたことで、一時は五〇人ほどの二世が在籍したこともあったという。一九三九年には在日アメリカ人二世チームによるフットボール大会が九州学院で開かれたほどである。また、一九四〇年に稲冨肇院長が訪米した際には、ロサンゼルス在住の二世卒業生八人と食事会が催されたことが記録に残っている。

このように二世の教育を積極的に支援する九州学院で彼らの名簿が作成されたのは、警察署などに提出するためだった。在京の二世が関わった刑事事件などに端を発し「日系外国人」を反社会的な危険分子と見るようになった内務省は一九三三年末、各県警に対し日系人居住者について調査をするように命じた。一九三〇年代後期に入ると、二世は外国のスパイだという疑いをかけられ、さらに厳しい監視下におかれるようになった。

真珠湾攻撃の九日前にあたる一九四一年一一月二九日に九州学院が熊本北警察署長に提出した「日系二世（二重国籍）調査に関する件」には、一二五人の二世（ハワイ出身一四人、米国本土出身一〇人、カナダ出身一人）の住所、氏名、生年月日、出身地、帰来月日が記載されている。また、戦争中の一九四三年八月二四日に熊本県内政部長に提出された「在外邦人子弟生活調査書」には、一二人の二世（米国本土出身八人、ハワイ出身三人、カナダ出身一人）に関し、父兄の原籍、現住所、職業、生徒との続柄、氏名、および生徒の寄留先、進学希望、学年、氏名が示されている。彼らは敵国のスパイであるかのように憲兵から監視されていた。

興味深いことに、九州学院で学びながらこうした調査報告や監視の対象となった日系二世たちの中には、一九四五年九月二日戦艦ミズーリ号上での日本の降伏文書調印に通訳官として関わった者が二人いた。

✝ミズーリ号に乗艦した元特攻隊員

竹宮帝次は一九二三年カリフォルニア州生まれ。一九三九年、高まる日系人排斥の動きに危機感を持った父親の判断で一家そろって祖父母の故郷である熊本に移った。当時一六歳だった竹宮は九州学院に入学したが、日本語がままならず、まずは二世対象の特別クラスで日本語を学び、その後通常の授業を受けるようになった。

在学中に太平洋戦争が勃発し、憲兵に尾行される辛い日々を送ったが、一九四三年には卒業し、青山学院大学に進学した。しかし同年、学徒出陣で海軍に入隊。特殊潜航艇（潜水艦による特攻隊）の艇長として出撃命令を待つ身となった。終戦間際に英語力をかわれて軍令部の所属になり、慶應大学日吉校舎で海外ラジオ放送の傍受をする任務についた。

終戦後の八月二七日、竹宮は一週間後にひかえた降伏文書調印式に関する事前折衝の通訳を命じられ、相模湾沖に停泊中のミズーリ号に乗艦した。二人の日本側使者と米軍側との話し合いは八時間も続き、蒸し風呂のような士官室で汗をぬぐいながら、また食事も与えられないまま、ひとりで通訳の任務を果たしたという。

その仕事ぶりが気に入られたのか、竹宮は米海軍司令官から通訳者として指名された。それ以来、半世紀にわたり横須賀の米海軍基地に勤務し、港湾統制部最高責任者や民事部長を務めた。一九六四年米国の原子力潜水艦が日本に初寄港したとき、エドウィン・ライシャワー駐日米国大使の会見を通訳したのも竹宮だった。二〇一〇年に死去したが、竹宮の功績をたたえて名付けられた施設「クラブ・タケミヤ」は今も池子米軍住宅内に残って

ミズーリ号上の降伏文書調印式（1945年 9 月 2 日）

いる。

†降伏文書をチェックした剣道家

トーマス・サカモト（坂本時雄）は一九一八年カリフォルニア州生まれ。一一人兄弟の長男だった。一九三四年、長男には日本で教育を受けさせたいと願った父親が故郷の熊本にサカモトを送った。入学したのが九州学院である。在学中に剣道二段の腕前となり、試合で全国を回った。また、軍事教練にも参加し、旗持ちなどリーダー的役割まで果たした。教官だった将校に士官になることを勧められたが、アメリカ人であることを理由に断った。教官は激怒し、サカモトを裏切り者扱いしたという。鹿児島の学校への進学の道もあったが、一九三八年卒業と同時にカリフォルニアの家族に呼びもどされた。

米陸軍入隊時のトーマス・サカモト

カリフォルニアでは両親と農業に従事し剣道も教えたが、一九四一年二月には徴兵され米陸軍に入隊。日本と米国両方の旗をふり「バンザイ！」と叫ぶ家族に見送られた。まもなくサカモトは、日本との開戦を予想して陸軍がサンフランシスコに設置した日本語学校に送られ、同年一一月、日本語の軍事用語などを学び始めた。まもなく日米開戦。日本語学校での六か月の訓練を終えた後は、教師として同校に残るように命じられた。一九四二年五月に同校はミネソタ州に移転。家族がアーカンソー州の強制収容所に収容され続ける中、サカモトはミネソタで一年間教鞭をとった。

その後、戦地での任務を希望し、オーストラリア・ブリスベンにあった連合軍翻訳通訳部（Allied Translator and Interpreter Section, ATIS）に派遣された。ニューギニアなど危険な戦闘の最前線にも送られ、日本軍が残した作戦文書や手紙類の翻訳、日本人捕虜の尋問、日本兵への投降の呼びかけなどの任務を果たし、戦功章の一つであるブロンズスターメダルを授与される活躍をした。

終戦後の八月二九日、サカモトは米軍将校として日本に上陸した。翌日、ダグラス・マッカーサー元帥が厚木飛行場に降り立ち記者会見を行った際、サカモトはマッカーサーのすぐ背後に立ち、連合国と日本の記者団に対応した。

1945年８月30日、マッカーサーは日本の記者団の会見に臨んだ。記者団をエスコートしたのはトーマス・サカモトである

そこでサカモトはやはり九州学院出身である二世の友人と遭遇する。和田隆太郎（ジミー・ワダ）である。ハワイ出身の和田は一九三五年九州学院に編入学し、サカモトよりも一年早い一九三七年に卒業して、明治大学に進学した。同大学では野球部に所属し、一九四一年六月にはハワイ遠征に参加している。その後、日米開戦前に海軍の軍属として志願し、英語力を生かして、諜報通信関係の特信班で働いたとされる。終戦時、日本の記者団の中になぜ和田がいたのかを示す資料は見つかっていない。その後、サカモトは米軍物資を渡すなどして和田を助けたという。

九月二日のミズーリ号上で行われる日本の降伏文書調印式の準備にあたり、サカモトは降伏文書をチェックする役目を果たし、当日は、連合軍の記者団に同行した。同調印式への出席を許されたごく少数の二世の一人だった。

†運命の分かれ目は開戦時の居場所

九州学院出身の二世の中で、米軍で功績をあげたもうひとりの語学兵にダイ・オガタがいる。オガタは一九一六年ワシントン州生まれでモンタナ州育ち。ロサンゼルスで仕事を転々としながら資金を貯めて、一九三八年に父親の出身地である熊本に渡る。一九四〇年まで九州学院で学び、朝鮮や満州を旅行した後モンタナに戻った。

一九四二年二月米陸軍に志願し、六月にはミネソタの日本語学校に送られた。六か月の訓練後、南太平洋の戦線に派遣され、語学兵チームのリーダーとして活躍した。ブーゲンビル島で日本軍による激しい爆撃を受けながら任務を全うし、パープルハート章（戦傷章）を授与された。一九四四年に米国に戻り、将校となる。

一九四五年二月にはミネソタの日本語学校の職員となり、四月には教官としてバンクーバーのカナダ陸軍日本語学校（S–20）に派遣された。終戦直後はワシントン郊外の太平洋地域軍陸軍情報研究部（Pacific Area Command Military Intelligence Research Center, PACMIR）、その後ワシントン文書センター（Washington Document Center, WDC）で日本軍関連の文書の選別・翻訳作業に携わった。

竹宮、サカモト、和田、オガタは同じ米国出身の二世として九州学院で学んだが、開戦時にどこにいたかによって、異なる運命をたどった。しかし、四人に共通しているのは、戦時中、偏見や差別と戦いながらも、日英のバイリンガル能力を使った諜報活動に携わったことである。

特にサカモトとオガタは、連合軍による対日諜報戦において、日米両国で教育を受けた者としての語学力や知識がフルに活用できる任務を与えられたと言える。マッカーサーが述べたとされる「実際の戦闘前にこれほど敵のことを知っていた戦争はこれまでになかった」という発言や、二世語学兵が「一〇〇万人の米国人の命を救い、戦争を二年間短縮した」というチャールズ・ウィロビー少将（マッカーサーの情報担当官）の発言は、日本軍文書の翻訳、通信の傍受、捕虜の尋問などを通して得られた情報が連合軍の勝利に大きく貢献したという認識を裏打ちするものである。

†太平洋戦争「対日」諜報戦の実際

連合軍による対日諜報戦で最も成果をあげる活躍をしたのはサカモトやオガタのような「帰米」（日本で教育を受け米国に戻ったアメリカ人二世）であったことは確かだ。

帰米語学兵たちはこれまで小説、ドラマ、ドキュメンタリーの題材にもなってきたため、ある程度一般にも知られた存在かもしれない。小説『二つの祖国』（山崎豊子、一九八三年）とそれをドラマ化したNHK『山河燃ゆ』（一九八四年）、またドキュメンタリー『二つの祖国で　日系陸軍情報部』（すずきじゅんいち監督、二〇一二年）などが有名である。

しかし実際のところ、米国、英国、オーストラリアは真珠湾攻撃前から日本との開戦に備えて、二世以外の対日諜報要員の動員と養成に取り組んでいたし、カナダも開戦後、同様の行動をとった。

本書の目的は、米国、英国、オーストラリア、カナダにおける対日諜報要員の動員、養成、活動について論じることによって、戦争遂行のための諜報活動における言語的側面の重要さを示し、「戦争と言語」をめぐる諸問題に対する関心を促すことにある。

本書では、太平洋戦争の対日諜報戦に関わった米国、英国、オーストラリア、カナダの言語官の全体像を示すとともに、人種主義、移民の法律的地位、継承語、言語教育、二重国籍問題などさまざまな視点からの考察を刺激するような特徴的事柄を紹介する。

その中で、各政府や軍組織が日本語言語官に対してどのような態度や方針をとったのか、また日本語言語官が訓練を受け、任務を果たす上でどのような問題に直面したのかを比較検討していく。そこから浮かび上がる「諜報戦における継承語話者の役割と位置づけ」や「短期集中日本語訓練の効果と意義」といったテーマは現代の戦争状況にも通じる問題であることを論じたい。

執筆にあたっては、日本国内のみならず、米国、英国、オーストラリア、カナダ、シンガポール、香港などで入手した多くの一次資料および二次資料を参照した。各軍組織や政府の公文書、戦犯裁判の記録、関係者の回想録、該当分野の先行研究といった主な参考文献の一覧は巻末に示されている。しかし、新書の性格上、読みやすさを優先し、本文中に記号を入れて注釈を加えることはしていない。参考文献の詳細については、拙稿「第二次世界大戦中の米・英・豪・加軍による対日言語担当官の養成」(『インテリジェンス』18号)、「日本占領期(1945―1952年)の通訳者」(『翻訳通訳研究の新地平』晃洋書房)、『東京裁判における通訳』(みすず書房)などを参考にしていただきたい。

第一章

米軍における二世語学兵の活躍と苦悩

1　米陸軍情報部語学学校「MISLS」

†日本語専門家を確保せよ

アジアの小国である日本が日露戦争（一九〇四―〇五）で大国ロシア帝国に勝利すると、米国は日本の存在感を意識せざるを得なくなった。そこで、米陸軍は日本語専門家を養成すべく、一九〇八年から少数ながら将校を東京の米国大使館に送り始めた。第一次世界大戦中に派遣は中断したが、東京での三―四年間の日本語訓練および任務を経験した陸軍将校の総数は一九三六年時点で約三〇人だった。

一九四一年初頭、日米関係の緊張が高まると、対日諜報活動に携わる要員の確保は米軍にとって喫緊の課題となった。東京で訓練を受けた将校だけでは対応できないと判断し、一九四一年三月、軍事情報部（Military Intelligence Division, MID）は米・西海岸の陸軍第四師団に対し、日本語を少しでも理解する米軍兵士について緊急調査を行うよう命じた。

この調査ではおよそ三七〇〇人の日系二世兵士が面接を受けたが、そのうち日本語が不自由なく話せたのはわずか三％で、まあまあの日本語が話せると判断された者が四％。集中訓練の候補生になりうる程度の日本語を知っている者が三％という結果になった。諜報活動に必要な日本語能力を有する人材が極めて少ないことが明らかになり、同年六月、第四師団の下で日本語学校が設置されることが決定された。

訓練生、教師陣を集め、学校を立ち上げる役目を任されたのは東京で日本語訓練を受けた経験のあるカイ・ラスムッセン大佐、ジョン・ウェッカリング中佐、ジョセフ・ディッキー大佐だった。

†一三〇〇人から選ばれた五八人

白人将校にゼロから日本語を教えていたのではとても間に合わない。短期間の訓練で尋問官や翻訳官として諜報活動に貢献できる候補者を求め、ラスムッセンとウェッカリングは数か月かけて約一三〇〇人の日系二世を面接した。日本軍の『作戦要務令』や『応用戦術』を音読させるなどの試験によって選んだのが五八人。日本に居住した経験のある白人二人と合わせて六〇人が日本語学校の第一期生となった。前述のトーマス・サカモトもその一人である。

一期生となった二世たちは二〇代の若者で、ほとんどがカリフォルア州出身だった。彼らは、一九四〇年米国政府が選抜徴兵制を制定した後で、徴兵されあるいは志願して兵役についていた。半数近くがサカモトをはじめとする帰米だったが、日本での滞在年数、滞在時の年齢、教育レベルはまちまちで、幼少期に数年日本で過ごした者から日本の高校や大学で学んだ者までいた。残りは、米国で教育を受けたが、家庭では両親と日本語を話し、放課後や週末に地域の日本語学校で日本語を学んだような者たちで、彼らの日本語力も一様ではなかった。

訓練生たちは日本語能力のレベルによって、A1、A2、B1、B2、C1、C2という六つのグループに分けられた。A1とA2の訓練生はほとんどが帰米二世で、米国の大学で学んだ数名を除けば、大なり小なり英語能力に問題があった。彼らは日本語をあらためて学ぶ必要はなかったが、軍事用語の学習は必要だった。B1とB2は中級クラスで、C1とC2は初級クラスだった。

†教師は帰米二世

教師を務めたのは帰米二世である。開校当初は四人体制でスタートし、まもなく新たに四人が加わった。ラスムッセンにとって、訓練生の選抜は時間がかかり骨の折れる仕事だったが、適格の日本語教師を見つけるのはさらに困難を極めた。最終的に採用された教師はみな高学歴で、英語・日本語両方の能力が高く、身元も問題のないという希少な帰米二世だった。

第四師団日本語学校教師、ジョン・アイソ

教師チームのリーダーだったジョン・アイソは一九〇九年カリフォルニア州生まれ。日系社会の優等生として知られた存在で、ブラウン大学を卒業後、ハーバード大学ロースクールで学び弁護士になった。日本では成城学園や中央大学法学部で学んだ経験もある。人種差別と戦いながら米国内や満州の英国系企業で弁護士として活動したあと、一九四一年四月米陸軍に召集されていた。

他には、明治大学卒業のアキラ・オシダやトシオ・ジョージ・ツカヒラ、早稲田大学卒業のタダシ・ヤマダなどが教鞭をとった。

オシダは一九一二年生まれ。カリフォルニア州出身で、明治大学に在学中、外務省の外郭団体である国際文化振興会で働いた。同振興会は満州事変などで国際的な批判を受けていた日本の対外宣伝のために日本政府が一九三四年に設立した団体で、日系二世を雇い欧米諸国に向けて英語で日本文化を紹介するなどの活動を行っていた。また、オシダは日米関係の悪化を懸念し、他の日本人学生有志とともに一九三四年、日米学生会議を創設し、日米学生の交流に尽力した。

カリフォルニアに戻った後も、サンフランシスコ（ゴールデンゲート）万博（一九三九―四〇）で日本館の広報を担当するなど、日本とのつながりを保っていたが、その一年後には教師として第四師団日本語学校に志願したことになる。

†教室と教材

訓練生と教師陣がそろい、第四師団の日本語学校は一九四一年一一月一日サンフランシスコのプレシディオ陸軍基地内で開校した。機密扱いのプログラムだったため、クリッシ

プレシディオ陸軍基地内で開校した日本語学校の初等クラスの訓練風景。旧飛行機格納庫を利用した急ごしらえだった

ーフィールド飛行場跡のビルディング640と呼ばれる旧飛行機格納庫が教室として使われた。机も椅子も何もない状態に、急ごしらえの教室と兵舎が作られ、六か月にわたる日本語集中訓練が始まったのだった。

現在、この建物は日系米人歴史協会が運営する「陸軍情報部歴史学習センター」として一般に公開されており、米陸軍情報部語学学校（MISLS）や二世語学兵の功績に関する展示や学習の場となっている。

日本との開戦に備えるという特定の目的を持ちながら、カリキュラムや教授法なども確立されておらず、日本語を教えた経験のない教師陣は手探り状態で授業を進めた。教材としては、ラスムッセンが東京から持ち帰って

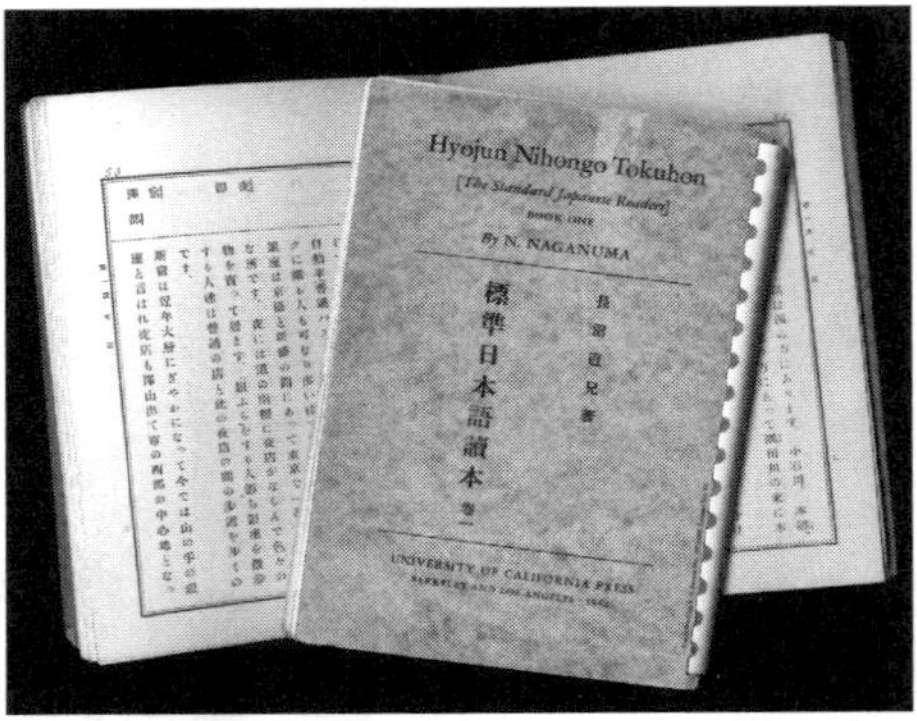

長沼直兄『標準日本語読本』

いた長沼直兄著『標準日本語読本』全七巻、日本軍の各種教本、辞書類などの他に、教師陣が独自に作成したものが使用された。『標準日本語読本』は日本語教育振興会の理事だった長沼が一九二三年から東京の米国大使館で日本語を教えていた時に自ら作成した教科書である。

授業は月曜から金曜まで毎日七時間あり、夕食後も二時間の自習が義務づけられた。毎週土曜日には試験があったので、訓練生は寝る間も惜しんで勉強に励んだという。

†日系人の強制収容とMISLSの移転

日本語学校が開校して一か月あまりで真珠湾攻撃が起こり、教師と訓練生も大きな衝撃を受けた。まもなく、すべての日系アメリカ人は4―F（身体的、精神的、または道徳的に兵役不適格）、その後4―C（敵性外国人――国籍または先祖の問題で、兵役不許可）と指定された。せっかく訓練しても二世を前線に派遣できないのではないか、また白人兵が二世と働くことを嫌がるのではないかという懸念から、日本語学校は白人語学将校の養成にも積極的に取り組み始めた。

一九四二年二月フランクリン・ルーズベルト大統領が大統領令9066号を発令し、特定地域を軍の管理下におく権限を陸軍長官に与えると、西海岸に住む一二万人近い日系人が強制収容所へ送られることになった。そうした中でも、同年五月には、日本語学校第一期生のうち四五人が卒業し、教師として学校に残る一〇人以外はアラスカ、ガダルカナル、ニューギニアなどの前線に送られ、諜報活動を始めた。

卒業できた一期生の中には真珠湾攻撃後に緊急入学した白人二人がいた。一人は宣教師の息子として一四歳まで東京で生まれ育ち、その後米国で教育を受けてハワイで医者となっていたジョン・バーデン。もう一人は東京帝大の英語教授を父に持ち、東京と横浜で一七歳まで育ち、その後米国の税関などで働いていたデイビッド・スウィフト。二人とも日本語学校卒業後は大尉として二世語学兵を指揮する任務についた。

米陸軍は、戦争遂行において二世語学兵が重要な役割を担うことを理解していた。訓練プログラムの規模を拡大するために、また、二世教師と訓練生が強制収容所に送られることを避けるために、日本語学校は日系人に比較的寛容なミネソタ州のキャンプ・サベージに移転した。同校は戦争省（現・国防総省）の直接管轄下に置かれることになり、一九四二年六月、米陸軍情報部語学学校（Military Intelligence Service Language School, MISLS）として再出発した。

その後、ＭＩＳＬＳの規模は拡大し続け、一九四四年八月までに合計約一三〇〇人の二世語学兵と約二〇〇人の白人語学将校が卒業していた。また、当時、在学生は五五〇人、翌月にはあらたに六三〇人の訓練生が入学する予定で、教師も八四人という大所帯になっていた。

そこで、さらなる規模拡大を想定して、一九四四年八月、ＭＩＳＬＳはキャンプ・サベージから同じミネソタ州内のフォート・スネリングに移転した。フォート・スネリングでは女性の二世も訓練生として受け入れるようになり、また戦後の日本占領に備えるために中国語や朝鮮語の授業も行われた。

†収容所から動員

日本語学校がキャンプ・サベージでＭＩＳＬＳとして再出発した一九四二年六月頃まで

強制収容所から志願兵となった二世たち（1942年12月）

には、第一期卒業生の戦地での活躍ぶりが報告されており、二世語学兵の養成の必要性がますます認識されるようになった。

そこで米陸軍は、各地の強制収容所を訪問し、収容中の二世まで動員しようとした。当初は、親や兄弟が日本にいる場合は語学兵に志願できなかった二世だが、大量の日本語要員が必要とされる状況の中で、その縛りも厳守されなくなった。

こうした二世動員の動きに対し、収容所内では、息子を米軍にとられ自分の祖国である日本と戦わせることを嫌がる一世の反対があったり、MISLSは日系人を監視するスパイ学校だという噂が流れたりもした。また、一九四三年初頭、二世を動員するために戦争省が強制収容所内で行った米国への忠誠心を問う調査に反発する日系人もいた。

その調査にあった「命令を受ければ、いかなる地域であれ米軍の戦闘任務につくか」、また、「米国に忠誠を誓い、国内外でのいかなる攻撃に対しても米国を忠実に守り、日本国の天皇や外国の政府・団体に対する忠誠および従順を拒否するか」という質問に対し、二世の二八％が「ノー」と答えている。

実際のところ、収容所から軍隊に志願した二世は六％未満だった。また、米国籍離脱と日米交換船での日本「送還」を希望する日系人も二万人近くいた（実際に、収容所を離れ一九四三年九月の第二次交換船に乗船できた日系人は三一四人で、そのうち二世は一〇〇人強にすぎなかった）。

そうした中、苛酷で屈辱的な収容所生活から逃れる手段、また米国に対する忠誠心を示す機会だと捉え、何百人という二世がＭＩＳＬＳへ向かった。家族や友人が「敵性外国人」として収容され続ける中での決断だった。また陸軍は、ハワイ在住の二世にも積極的に働きかけ、遠く気候も厳しいミネソタの地での日本語訓練に参加させた。

収容所の中から語学兵に志願した二世たちの詳細が戦後数十年経って明らかになると、

彼らが示した米国への忠誠心、勇気、功績は、日系人コミュニティで賞賛されるだけでなく、米国政府や議会からも表彰を受けるなど、注目を浴びてきた。しかし、語学兵として活躍できる能力はありながらも、米軍に協力することを拒否した二世たちがいたことも銘記しておくべきだろう。

†マンハッタン計画への関与

戦後立教大学など日本の大学で教鞭をとった牧師・小平尚道は一九一二年カリフォルニア州で生まれた帰米二世だった。日本と米国の神学校で学んだ後、シアトル長老会で牧師をしていたが、一九四二年アイダホ州のミニドカ収容所に強制収容された。

教養が高く、日米両方の言語と文化に通じていた小平には米国政府から戦争協力のさまざまな勧誘があった。陸軍のチャプレン職、後述する海軍日本語学校の教師、オレゴン州ポートランドの外国放送情報部やオハイオ州クリーブランドの米陸軍地図局での任務の話が持ちかけられたが、小平はそれをすべて断った。

さらに、国務省からは、ニューヨークで一〇〇〇ドルという破格の月給の仕事をしないかという誘いも受けた。内容は軍事上の機密なので教えてもらえず、神学校時代の恩師であるオーガスト・カール・ライシャワー（東京女子大学の創設者でエドウィン・ライシャワー駐日米国大使の父、当時はニューヨークに在住）に手紙で相談すると、収容所での牧師を続け、神学を追求するのが最も賢明との返事をもらった。小平は、「そういう仕事をとると日本に戻れなくなるかもしれない」し、「少なくとも良心的に帰り難くなる仕事」だと察して、ニューヨーク行きを断った（小平尚道、二〇〇四年）。

同時期（一九四三年）、MIDの要請でMISLSからニューヨークに派遣された帰米二世が二人いる。キヨシ・ヒラノとユタカ・ナンバだ。

ヒラノは一九二〇年カリフォルニア州生まれ。八歳から一一年間日本で暮らした。愛知県の教員免許を持ち、中学で教鞭をとった経験もあったが、一九三九年に米国に戻った。一九四二年、ユタ州のトパーズ強制収容所に送られ、そこから語学兵に志願し、MISLSで訓練を受けた。小平とは対照的に、ヒラノは収容所からMISLSに行った数少ない帰米二世の一人だった。米国への忠誠を示すために懸命に任務を果たしたという。

ナンバはハワイ出身で、明治大学で学んだ帰米だった。ヒラノとナンバの仕事には、原子物理学に関する日本語の科学技術文書および三井物産と小倉石油（一九四一年日本石油と合併）ニューヨーク支店から押収した文書の翻訳という極秘扱いの作業が含まれていた。

一九四五年八月になってはじめて、それが原子爆弾の開発・製造を目的としたマンハッタン計画に関連していたことを彼らは知った。

†現場に直結した訓練

当初は六クラスで始まった日本語学校も、MISLSとなり学生数が一〇〇〇人以上になると、日本語能力別に五〇以上のセクションに分かれて授業が行われるようになった。訓練生のほとんどは二世だった。

しかし、二世の語学兵は日系人であるがために戦争末期になるまで将校に昇進できなかったので、語学兵部隊を指揮する白人将校候補が必要となり、日本語を少しかじった程度の白人訓練生を対象とした特別クラスも開講された。それでもMISLSの授業についていけない白人訓練生のために、一九四三年一月にはミシガン大学に特別な日本語クラスが設置され、そこで一年間予備的な勉強をした後、MISLSに入学するという仕組みが作られた。指導したのは、ワシントン州出身の日系二世で、ワシントン大学とベイツ大学(メイン州)で学んだ後、ミシガン大学で博士号を取得し、同校で日本語を教えていたジョセフ・ヤマギワだった。

ＭＩＳＬＳの訓練期間は六か月または九か月となり、平日は毎日七時間の授業と二時間の自習、土曜日に試験という詰め込み教育が続いた。また、一期生が軍事訓練を受けずに戦場に送られ苦労した経験に基づき、ＭＩＳＬＳでは軍事訓練も毎週行われた。

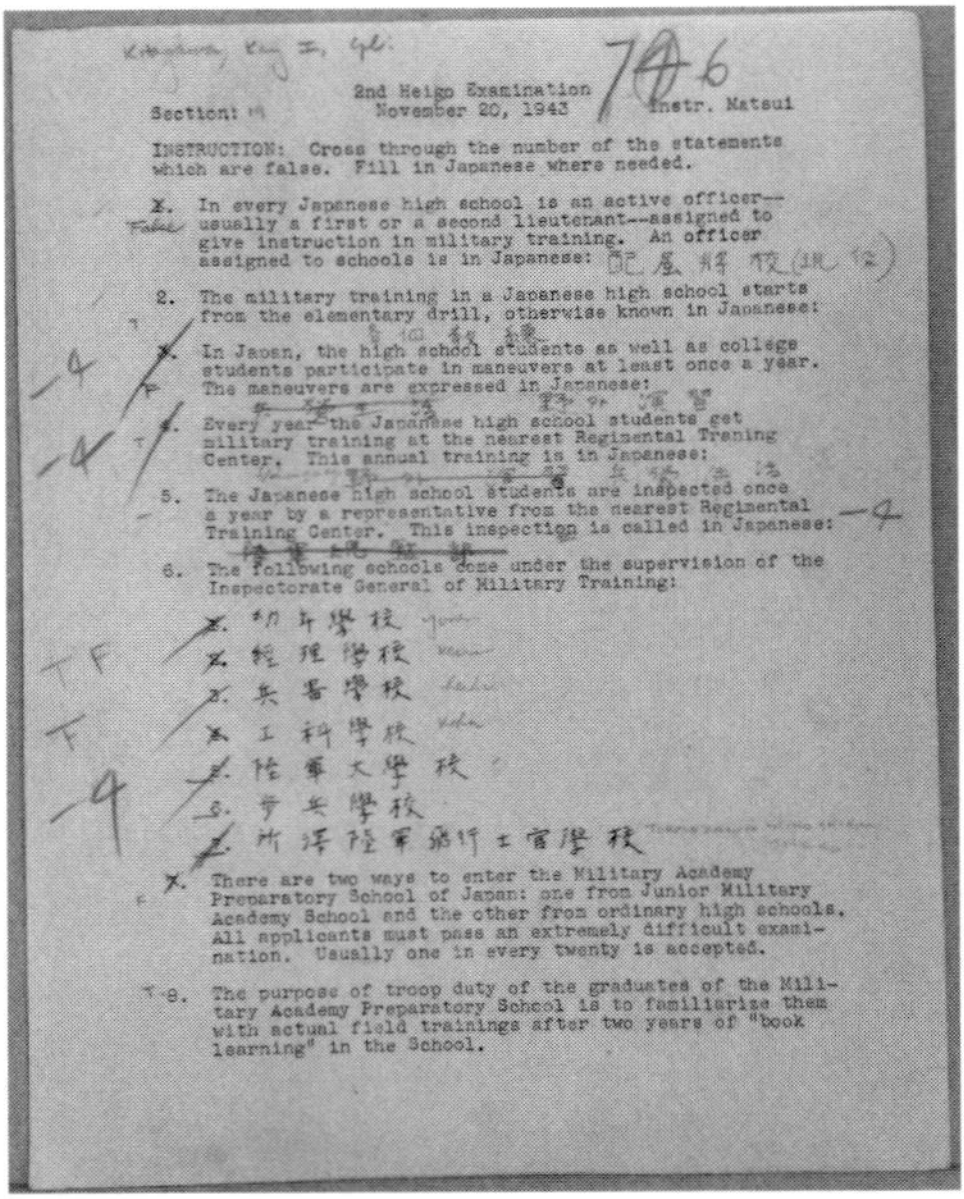

2nd Heigo Examination
November 20, 1943

Section: Instr. Matsui

INSTRUCTION: Cross through the number of the statements which are false. Fill in Japanese where needed.

1. In every Japanese high school is an active officer--usually a first or a second lieutenant--assigned to give instruction in military training. An officer assigned to schools is in Japanese:

2. The military training in a Japanese high school starts from the elementary drill, otherwise known in Japanese:

3. In Japan, the high school students as well as college students participate in maneuvers at least once a year. The maneuvers are expressed in Japanese:

4. Every year the Japanese high school students get military training at the nearest Regimental Traning Center. This annual training is in Japanese:

5. The Japanese high school students are inspected once a year by a representative from the nearest Regimental Training Center. This inspection is called in Japanese:

6. The following schools come under the supervision of the Inspectorate General of Military Training:

7. There are two ways to enter the Military Academy Preparatory School of Japan: one from Junior Military Academy School and the other from ordinary high schools. All applicants must pass an extremely difficult examination. Usually one in every twenty is accepted.

8. The purpose of troop duty of the graduates of the Military Academy Preparatory School is to familiarize them with actual field trainings after two years of "book learning" in the School.

兵語（軍事用語）の試験用紙

日本語訓練の内容としては、教科書に沿った日本語の文法や兵語（軍事用語）の学習だけでなく、日本の地理、歴史、軍隊、日本人の特徴などに関する講義もあった。やがて、捕獲された日本軍文書や日本映画などが戦地から届き、現実的な素材を使った授業が行われるようになった。また、帰還した語学兵による捕虜尋問の指導や、実際の捕獲文書を使った翻訳の練習など、現場に直結した訓練が行われるようになった。

米国スタンフォード大学・フーヴァー研究所のキタガワ・コレクションには、一九四三年当時MISLSで使用された教材および試験が所蔵されている。その資料を見ると、日本語文法と兵語のほかに、樺太、朝鮮、台湾、関東州、南洋委任統治地を含む日本の地理、捕虜尋問の一般原則、ラバウル地域の日本人の特徴、日本人の人種的特徴、日本の軍国主義（過去・現在・未来）、日本史、日本のナショナリズムにおける制度的要因、日本軍の編成と教育制度など、戦争に関係する特定の知識が扱われていたことがわかる。

また、日本兵が残したノートの翻訳、捕虜の尋問報告書、特別諜報報告書など、前線から送られた実際の資料を教材としており、訓練生は教室にいながら現場の臨場感が得られたと考えられる。さらに、試験問題の中には、実際の捕獲文書をもとに部隊名、部隊員の名前と地位、部隊の拠点と動きなどを読み取り報告する問題などもあり、卒業後すぐに現場で機能できるような訓練が行われていた。

2　二世語学兵の活躍

†多様な任務

ＭＩＳＬＳで日本語と軍事諜報活動の集中訓練を受けた語学兵たちは総計六〇〇〇人以上に及び、戦争中だけでなく、戦後の日本占領期においてもさまざまな任務に就いた。卒業後、教師や翻訳官としてＭＩＳＬＳにとどまったり、ワシントン郊外にある太平洋地域軍陸軍情報研究部（ＰＡＣＭＩＲ）やワシントン文書センター（ＷＤＣ）で捕獲文書の整理と翻訳に携わったりした者もいたが、二世語学兵の多くは南太平洋戦線に送られた。

一九四五年一月時点で、ＭＩＳＬＳから海外に派遣された卒業生は一〇五〇人だった。彼らは、オーストラリア・ブリスベンの連合軍翻訳通訳部（ＡＴＩＳ）、インド・ニューデリーの東南アジア翻訳尋問センター（Southeast Asia Translation and Interrogation Center,

SEATIC)、ハワイの太平洋地域統合情報局（Joint Intelligence Center Pacific Ocean Area, JICPOA）や太平洋艦隊無線局（Fleet Radio Unit Pacific, FRUPAC）といった後方の諜報センターで、日本人捕虜の尋問、捕獲文書の翻訳、通信傍受、プロパガンダ活動などに従事した。さらに、MISLS卒業生は、米軍の全師団・軍団のみならず、豪軍、ニュージーランド軍、英軍、中国国民党軍にも帯同し、戦闘場面での危険な任務にも就いた。

戦後、二世語学兵たちは連合軍による日本占領のさまざまな側面で占領軍と日本政府・市民との架け橋的な役割を果たし、憲法草案や警察予備隊（後の自衛隊）設立にも関わった。また、広島や長崎での原爆被害調査に通訳者として参加したり、日本及びアジア各地の戦犯裁判で翻訳・通訳作業に従事したりする二世もいた。

†作戦は筒抜け

太平洋戦争中、連合軍は日本軍のありとあらゆる文書を捕獲して、作戦や兵士の士気などに関する情報の収集に努めた。

日本軍が撤退したあと戦場に残された文書や、戦死した日本軍兵士のポケットや背嚢に残された日記、ノート、地図、手紙など大量の文書が、ATISやSEATICなどで選別され、重要と思われるものから翻訳作業が行われた。また、緊急を要するものは、部隊に帯同した語学兵あるいは戦場近くの出先諜報センターによって翻訳され、その情報が作戦行動にすぐに反映されることもあった。翻訳作業の主な担い手は帰米を中心とする二世語学兵だった。

二世語学兵は終戦までに二〇五〇万ページ分の文書を翻訳したという。その中でも、最大の功績としてしばしば言及されるのが、日本海軍の機密文書だった「Z作戦」計画書の翻訳である。日本では海軍乙事件として知られている。

一九四四年三月三一日、連合艦隊司令長官・古賀峯一海軍大将の搭乗機がパラオからダバオへ向かう途中、墜落。連合艦隊参謀長・福留繁中将の搭乗した二番機はセブ島沖に不時着し、同機内にあった「Z作戦」計画書がフィリピン人ゲリラによって奪われ、米軍の手へ渡った。この計画書はATISにすぐに送られ、海軍の語学将校三人が下訳を行い、それを二世語学兵のキヨシ・ヤマシロとヨシカズ・ヤマダがチェックして訳を完成させ、ハワイの太平洋艦隊司令部に送った。翌日、ヤマシロとヤマダはこの功績により准尉に昇進した。

同司令部は、ATIS版の翻訳では日本の海軍用語が適切に訳されていないと判断したため、その修正版を作成し、全艦隊に配布した。この翻訳によって、太平洋戦線での反撃を狙う日本海軍の作戦は米軍に筒抜けとなり、六月一九—二〇日のマリアナ沖海戦で、米軍は「マリアナの七面鳥撃ち」と揶揄するほどの一方的な勝利を収めた。

この戦闘中、米海軍の語学将校は航空攻撃を調整しあう日本側の通信を傍受し、その情報をもとに米軍パイロットに攻撃目標を伝えていた。マリアナ沖海戦の勝利で米軍は西太平洋の海と空を完全に制し、日本軍は壊滅的な敗北を喫し、戦争継続能力が脅かされることになった。

†日記の翻訳

捕獲文書の中には、日本軍兵士が残した日記が大量にあった。日記には部隊の名前や隊員の状況、移動予定、砲兵隊の位置などを詳細に記したものもあり、その翻訳を通して、連合軍は日本軍の作戦や兵站の状況、また兵士の士気や心理状態を知ることができた。

また、墜落した米軍パイロットを日本刀で斬首した事件や捕虜収容所での日本軍による捕虜虐待行為を詳細に記録したものもあり、こうした情報は戦犯裁判の準備にあたり使用された。

戦場の捕獲品を調べる語学兵たち

兵士が日記を書くことを許していたことが日本軍敗北の原因の一つだと指摘する元二世語学兵は少なくない。前述のトーマス・サカモトはインタビューで次のように語っている。

日本軍は二世語学兵の存在に気づいてなかったと思う。日本軍の戦い方は筒抜けだった。兵士は日記をつけていた。米軍兵士は日記を書くことなど禁じられていたし、カメラも持っていなかった。一方、日本人はあらゆる事柄の詳細を日記や紙切れに書き残していた。ニューギニアの郵便局を占領した時、たくさんの手紙を押収した。日本軍では、米軍のような検閲はなかった。私など、妻に送る手紙さえも検閲されていた。これが、日本が戦争に負けた理由の一つ。兵士の行動規律が甘かった。だから我々のような語学兵や米軍司令官たちは、兵站、戦術、戦略について日本側が何を考えているかを完全に把握していた。(Swift, 2006)

日本軍が戦場での文書の安全管理にずさんだったのは、日本語は難しい言語であり、敵に日本語が理解できる要員などいないと考えていたからだと言われている。語学兵が諜報センターや戦場で翻訳した日本兵の日記の内容は、連合軍側が戦闘やプロパガンダの作戦を計画する上で大いに役立った。

しかし、中には家族や故郷に思いをはせる文章もあり、それを読み翻訳する語学兵は心が痛むこともあったという。

†捕虜の尋問

連合軍がヨーロッパや北アフリカの戦線でとらえた捕虜の数と比べ、太平洋戦争の初期、米軍の捕虜になった日本兵は圧倒的に少なかった。一つには、日本兵が捕虜になることを恥とし、投降を拒否して死ぬまで戦いぬく、また、敵に捕らわれたら自決することを戦陣訓などで叩き込まれていたという背景がある。

しかし、より直接的な要因としては、米兵が当初、「死んだジャップだけが良いジャップ」として日本兵を見ればすぐに射殺していたことがある。これには、ジョン・ダワー（Dower, 1986）が指摘するように、人種的偏見に基づく憎悪が関わっている。

語学兵たちは、司令官に対し、捕虜の尋問を通して得られる情報の利用価値を伝え、報奨を与えるなどして生きたまま日本兵と彼らの所持品を届けるよう兵士たちに命令するよう訴え続けた。結果、一九四三年六月時点で米軍の日本人捕虜の数は六二人にすぎなかったのが、六か月後には二九七人に増えていた。

その後も、日本人捕虜は増え続け、一九四四年一〇月に始まったフィリピン・レイテ島での戦いでは、最初の一〇週間で四〇〇人が、次の四か月でさらに四三九人が捕虜となった。ルソン島にあった捕虜収容所では、日本兵だけでなく、民間人、朝鮮や台湾出身の労働者や「慰安婦」を含む五〇〇人以上が尋問を受けた。

日本兵は捕虜にならないという想定から、捕虜になったときにどう振る舞うべきかという教育は日本軍内で行われていなかった。尋問されても氏名、階級、識別番号以外の情報

戦場で翻訳任務にあたる語学兵

を伝える義務はないと明記するジュネーブ条約についても知識がなかったといえる。したがって、日本軍による捕虜の扱いと同様、自分たちも捕虜になると拷問や処刑が待っていると想定し、日本人捕虜は恐怖心にかられた。

しかし、日本人の気持ちや考え方に馴染みのある二世語学兵が日本語で話しかけると、日本人捕虜の態度も和らいだという。そして、食事や傷病の手当を受けるなどの厚遇に対してまず驚き、それに対する感謝の気持ちからか、捕虜は尋問に協力的になり、部隊の状況、作戦計画などの情報を提供するようになった。地図や資料の説明をしたり、日本軍通信の傍受、連合軍のプロパガンダ放送やビラ作りに協力したりする日本人捕虜までいた。

日本人捕虜のうち、諜報価値が高いと判断された者は米国本土にある秘密の尋問所に送られた。その一つがカリフォルニア州トレーシーにあった。リゾートホテルを改造して作られたトレーシーの尋問所は一九四二年一二月に開所した。捕虜の部屋にはマイクが仕掛けられ、彼らの会話は地下室で盗聴されていた。これは、捕虜に対する盗聴を禁じるジュネーブ条約に抵触する行為だった。

MISLSは通訳官派遣の依頼を受けたが、カリフォルニア州は日系人移動禁止の対象地域だったため、白人の語学将校が派遣された。一九四三年四月になって、戦争省が二世語学兵のカリフォルニア州への移動を許可する指示を出したことで、MISLSはトレーシーに二世を派遣できるようになった。米国本土に送られた日本人捕虜数は増え続け、トレーシーでは一九四四年だけでも一〇七七人の日本人捕虜が尋問を受け、尋問を担当した二世語学兵も数十人に達していた。

捕虜の尋問で功績をあげた二世語学兵として、ロイ・ウエハラとヒロシ・マツダの名がしばしば言及される。

一九四四年三月八日、ニューギニアのブーゲンビル島でウエハラはある日本兵を尋問中、三月二三日の春季皇霊祭に日本軍が大攻勢をかける計画であることを偶然聞き出し、上官に報告した。もう一人の二世語学兵マツダが別の捕虜を相手に同情報を確認できたため、米軍は即座に準備態勢を整え始めた。三月二二日米軍は先制攻撃を行い、日本軍は大打撃を受けた。

これによって、一〇〇〇人の米兵の命が救われたとして、ウエハラとマツダはブロンズスターを授与された。ウエハラの上官は米国にいる自分の両親に連絡し、日系人強制収容所にいるウエハラの両親を訪ね、感謝するように頼んだという。

†通信の傍受と翻訳

二世語学兵はさまざまな功績を残したが、米軍内で完全に信用されるようになったのは戦争の終盤にかけてのことだった。よって、機密性が高いと米海軍が判断した日本軍の暗号に、二世がアクセスすることは許されなかった。一方、空対地通信のような戦術的レベルの通信は二世でもモニターすることができた。

一九四三年四月一三日ハワイと米西海岸の通信傍受ステーションで、ある日本海軍の暗号（JN25）が傍受された。受信先があまりに多かったため、重要な通信だと判断され、暗号解読および翻訳が行われた。その結果、連合艦隊司令長官の山本五十六海軍大将が前線を視察する計画が明らかになった。この通信は米軍を欺く罠かもしれないと懸念した司令官は、ニューギニアで翻訳を担当した二世語学兵のハロルド・フデンナに訳の真偽を問いただし、山本の搭乗機を攻撃する作戦が失敗すれば責任をとるようにとまで告げていた。

四月一八日、山本の搭乗機は米軍戦闘機によって撃墜された。真珠湾攻撃の立案者として米軍にとって標的価値の高かった山本が死亡したことで、フデンナは司令官から功績を讃えられたが、昇進することはなく、死後の一九九七年になってレジオン・オブ・メリット（戦功章の一つ）が授与されたのだった。

ワシントン郊外にあった米陸軍信号諜報部（Signals Intelligence Service, SIS）も、当初、二世語学兵を受け入れることはなかった。ＳＩＳは日本軍や日本政府の通信を傍受・解読・翻訳・分析した内容を「マジック」と呼んで軍組織や政府の間で回覧していたが、この一連の作業に二世が使われることはなかったのだ。対応したのは、白人語学将校、日本滞在の経験がある民間の白人米人、ＳＩＳの依頼でハーバード大学のエドウィン・ライシャワー教授が特別に養成した翻訳者などである。

ところが、一九四四年一月にニューギニアで撤退した日本兵が地中に埋めていった暗号書をオーストラリア軍が発見したことで、処理する通信の量が急増した。それまでに扱った日本軍の通信は二〇〇〇件以下だったのが、二か月後には三万六〇〇〇件、まもなく二〇万件の通信を解読し翻訳する必要が生じたのだ。

SISはMISLSに二世語学兵の派遣を依頼せざるをえなかった。二七人がSISに到着したが、そのうち一四人は日本を訪れたことがある、あるいは日本に親戚がいるという理由で、建物内に入ることを許されず、MISLSに戻されてしまった。六月にはあらたに三〇人の二世語学兵が派遣された。こうして、SISでも二世語学兵が働くようになったが、人数は限られていた。

†日本人捕虜の協力で心理戦

連合軍によるビラやラジオ放送などを用いた対日心理戦において、適切な日本語で日本人の心理に訴えかける文章を用いることは極めて重要だった。日本語として不自然な言い回しや日本人の心理を逆撫でするような要素があれば、日本兵の戦意喪失や投降を促そうとしても説得力はない。そこで、日本語の母語話者である日系一世、帰米二世、日本人捕虜がそうしたプロパガンダのメディア作りに重要な役割を果たした。

米国による初の対日プロパガンダ放送は一九四二年二月サンフランシスコから発信され

た短波ラジオ放送だったといわれる。戦時情報局（Office of War Information, OWI）の依頼で原稿を書き読み上げたのは、ニューヨーク在住の画家・国吉康雄だった。

国吉は一八八九年岡山市生まれ。一九〇六年に米国に渡り、ロサンゼルスの美術学校などで学び、画家となった。東海岸を拠点にしたので、日系人強制収容の対象にはならなかったが、当時の厳しい移民帰化法のために、日本国籍のままだった。戦争では米国支持を早くから表明し、ＯＷＩのために日本兵の残虐さを示すポスターも描いた。

サンフランシスコからの短波放送が実際に日本人の耳に届いたかどうかは定かではないが、太平洋戦線での連合軍の侵攻が進むにつれ、米国本土だけでなく、戦場に近い諜報拠点で二世語学兵や一世が日本人捕虜の協力を得て対日宣伝ビラを作ったり、拡声器で投降を呼びかけたりするようになった。

米軍の特務機関でＣＩＡの前身である戦略諜報局（Office of Strategic Services, OSS）は一九四三年日系人強制収容所を訪ね、日本語母語話者五五人を雇い入れた。そのうち三分の二は一世で、残りは帰米二世だった。ＭＩＳＬＳが語学兵志願者を募ったあとだったので、ＯＳＳに採用された帰米のほとんどは年齢その他の理由でＭＩＳＬＳには不適格とされていた。その中には戦前、共産党員や労働組合オルグだった者も少なくなかった。

一九四四年初頭、OWIがMISLSにビルマ戦線における心理戦要員の派遣を依頼した時には、新聞、放送、商業美術分野の経歴のある人材が選ばれた。ディズニーで働いた経験があり、MISLSの紋章もデザインしたクリス・イシイはその一人である。また、左翼思想を持つコウジ・アリヨシやカール・ヨネダも派遣された。

アリヨシは一九一四年ハワイ生まれ。ジョージア州の大学でジャーナリズムを専攻。その後労働運動に参加し、共産党員となる。カリフォルニア州のマンザナー強制収容所から志願して語学兵となった。一九四四年ビルマから重慶へ移り、一〇月に米国軍事視察団（英語では通称 Dixie Mission）の一員として延安へ。毛沢東率いる共産党軍の状況、共産党軍や日本人捕虜、また岡野進（野坂参三）などから日本軍の情報を得て、多くの報告書を書いた。また、岡野や彼に再教育された日本人捕虜からは、連合軍ビラの効果についての分析やその他心理戦に関する助言を受けていた。

†戦場での危険な任務

二世語学兵は、激しい戦闘のただ中で通訳をすることもあった。たとえば、洞穴に隠れた日本兵や民間人を投降させた後、あるいは誰も隠れていないと確認できた後、洞穴を爆破し使えなくするケーブ・フラッシング（cave flushing）において、二世語学兵は、洞穴の中に近づき投降を呼びかけるという危険な任務に就いた。

特に、沖縄戦でケーブ・フラッシングを主に担当したのは、沖縄に住んだことがあり地元の方言や地理に馴染みのある帰米二世だった。その一人であるタケジロウ・ヒガは、沖縄で四歳から一六歳まで過ごした帰米で、投降させた民間人や日本兵の中に自分の恩師や同級生を見つけ、思わぬ再会に複雑な思いをしたという。

また、銃弾が飛び交う中、日本軍側に近づき、命令伝達や兵士間のやりとりを盗み聞きして味方に知らせるなど、命がけの仕事をした二世語学兵もいた。メリル襲撃隊と呼ばれる挺身隊に語学兵として参加したロイ・マツモトの話は有名だ。

メリル襲撃隊は一九四四年ビルマ戦線で六か月間日本軍と激闘を交わした特別部隊で、三〇〇〇人の兵士に対し一四人の二世語学兵が帯同していた。同部隊の兵士たちは志願時に八〇―九〇％は生きて帰ることはないだろうと聞かされていた。それほど危険な任務だったのだ。厳しい環境の中、食料と弾薬の不足、病気と飢えに耐えながら壮絶な戦闘を繰り返した。その中で、ロイ・マツモトは語学兵として英雄的な働きをしたとして、のちにブロンズスターとレジオン・オブ・メリットを受勲し、レンジャー（突撃部隊）の殿堂入りと陸軍情報部の殿堂入りを果たした。

マツモトは一九一三年カリフォルニア州生まれ。八歳の時から九年間父の故郷である広島で暮らした帰米二世である。一九三三年米国の高校を卒業したが、不景気と人種差別でまともな仕事が得られず職を転々としていた。一九四二年アーカンソー州のジェローム強制収容所に送られ、そこから語学兵に志願した。MISLSで訓練を受けたあと、インドに送られ英軍のもとでジャングルでの戦闘訓練や地図の翻訳、捕虜の尋問、通信傍受などの訓練を数か月受けた。

ビルマに侵攻すると、マツモトは語学兵として危険を顧みず味方の勝利に大きく貢献した。たとえば、ラングーンで日本軍が道路を閉鎖した箇所の木の上に電線があるのを見つけ、木によじ登って日本軍の通信を傍受した。結果、日本軍の食料・弾薬集積地の正確な位置がわかり、そこを狙った空爆の成功につながった。

また、匍匐前進して日本軍（久留米で編成された第一八師団）の陣地に近づき、兵士同士のやりとりや命令を盗み聞きして、日本軍が夜明け前に攻撃を計画していることを知り、その情報を上官に伝えた。以前、ロサンゼルスの日系人コミュニティで配達の仕事をしていたときに身につけた九州弁の知識が役立った。米軍側は準備万端で日本軍を迎撃した。

さらに、日本側の隊長が退却命令を出している時、マツモトは「進め！」「突撃！」などと叫んで敵を攪乱し、味方の中隊を守るのに貢献した。

†占領期の二世語学兵

戦後の日本占領期においても二世語学兵は重要な役割を果たし、五〇〇〇人以上の二世が連合軍最高司令官総司令部（Supreme Commander of the Allied Powers, SCAP）の各部署や占領政策実施においてSCAPと日本政府および日本国民との橋渡し役を担った。

実際、MISLSの訓練生数がピークに達するのは占領期においてである。増大する語学担当官のニーズに応えて、MISLSの訓練期間は短縮され、授業内容も軍事的なものから会話や民事を中心としたものに移り、新たに民間検閲の特別訓練も行うようになった。

SCAP下にある民間検閲局（Civil Censorship Detachment, CCD）では、日本の民間人のコミュニケーション（出版、ラジオ、映画、手紙など）を検閲するために、常に翻訳作業が必要だった。仕事量が多く、草書を読める能力が必要なため、二世語学兵ではなかなか対応できず、CCDは日本人に頼らざるを得なかった。その時期、CCDは日本人通訳者・翻訳者の最大の雇用者だったと思われる。ピーク時には、八〇〇〇人以上の日本人検閲官と翻訳者が働いており、二世は翻訳作業の監督を務めた。

二世言語官は戦争犯罪裁判でも通訳や翻訳の仕事に携わった。東京裁判（一九四六―四八）の法廷通訳をしたのは外務省職員とその他日本の民間人だったが、その通訳の正確さをチェックするために、四人の帰米二世がモニターとして機能した。

その一人、デイビッド・イタミ（伊丹明）がベストセラー『二つの祖国』（山崎豊子、一九八三年）とそれをもとにしたNHK大河ドラマ『山河燃ゆ』（一九八四年）の主人公のモデルとなった人物である。また、ラニー・ミヤモトは戦時中、戦略諜報局（OSS）の工作員としてカルカッタの英軍諜報センターやビルマ戦線で活動した。イタミもミヤモトも九州で教育を受けた帰米で、マンザナー強制収容所から米軍に志願したのだった。

東京裁判では、三万ページ以上の証拠書類をはじめとする膨大な量の書類を翻訳する必要があり、二世語学兵だけでは間に合わないので、学者や女子学生を含む多くの日本人が翻訳者として採用された。著名人としては都留重人（経済学者）、森山真弓（のちの法務大臣）、長洲一二（経済学者、のちの神奈川県知事）などがいる。

二世の中には、広島と長崎における原爆被害の調査団や取材の通訳をする者もいた。親が広島出身の二世も多い中、これは語学兵にとって極めて辛い仕事だった。前出のトーマス・サカモトは、インタビューの中で「病院で目にした何百人という被爆者の悲惨な姿を思うと今でも胸が詰まる」と述べている（Swift, 2006）。やはり、帰米二世の語学兵であるハリー・フクハラは広島にいる家族を訪ね、兄が被爆し、帰らぬ人となったことを知るという悲劇を経験した。

3 海軍の日本語学校

†海軍独自の日本語プログラム

一九〇八年、米陸軍が日本語の専門家を養成するために将校を東京の米国大使館に送り始めたのに続き、米海軍情報局（Office of Naval Intelligence, ONI）も一九一〇年から同じ目的で、海軍と海兵隊の将校を同大使館内の日本語プログラムに留学させるようになった。「東京スクール」と呼ばれた同プログラムは一九四一年に終了したが、それまでに卒業した海軍語学将校は三七人、海兵隊語学将校は一一人だった。

彼らは卒業後、日本語専門家として、通信傍受、暗号解読、日系人コミュニティの監視などに従事していた。しかし、日本との開戦の可能性が高まる中、海軍における対日諜報要員を何百人というレベルに急拡大すべきだという認識が生まれた。

一九四〇年一〇月、東京スクールの卒業生でONI極東課長のアーサー・マッカラム少佐は、同課翻訳主任のグレン・ショーとハーバード大出身の国際法学者で東京帝大でも教鞭をとったアルバート・ヒンドマーシュの二人に対し、海軍日本語プログラムの立ち上げを命じた。陸軍とは異なり、当時、海軍はアジア系米人の入隊を排除する方針を貫いており、語学兵候補として日系人を勧誘することなど論外だった。

一九四一年春、ショーとヒンドマーシュは全米の大学生を対象に調査を行い、日本語を習得できそうな白人学生五八人を確認した。また七月には、マッカラムとヒンドマーシュがコーネル大学で開かれた日本語教育に関する会議に参加したが、大学では少数の学生を対象に人文学的側面に重きをおいた日本語教育しか行われていないことを知り、落胆した。結果、ヒンドマーシュは海軍独自の日本語プログラムをトップクラスの大学に設置することを推奨し、その計画を進めた。

こうして一九四一年一〇月にハーバード大学とカリフォルニア大学バークレー校で米海

軍日本語学校が一歩を踏み出した。

†一流大学からの訓練生

マッカラムとヒンドマーシュは自身の経験から、日本語を短期間でゼロから習得することがいかに難しいことかを認識していた。したがって、要求度の極めて高いプログラムに耐えられるだけの優秀な訓練生を厳選することが最重要だと考えた。

訓練生の条件にしたのは、米国生まれ、二〇―三〇歳の白人大卒男性で少なくとも六か月日本語または中国語を学んだ経験があるものとされた。例外的に、日本語や英語の学習経験がなくともファイ・ベータ・カッパクラブ（成績優秀者の友愛会）会員として大学を卒業した者、大学在学が三年でも少なくとも二年間日本語を学習した者であれば、入学を許可されることがあった。

一期生の合格率は二五％で、最終的に選ばれた四八人の多くは宣教師やビジネスマンの息子として日本か中国で暮らした、あるいは留学した経験があった。また、東京スクールで日本語を学んだ者たちが海軍兵学校出身などのエリート海軍将校だったのと対照的に、これらの訓練生たちはハーバード大学、イェール大学、カリフォルニア大学バークレー校、コロンビア大学、ワシントン大学、ミシガン大学、スタンフォード大学、プリンストン大学といった一流大学から選抜された人文系の学者タイプという特徴があった。

陸軍情報部語学学校（ＭＩＳＬＳ）がすでにある程度の日本語力のある二世、特に帰米を中心に訓練生を集めた状況とも大きく異なっている。

†教科書とカリキュラム

サンフランシスコに設置された陸軍日本語学校よりも一か月早い一九四一年一〇月一日、ハーバード大学とカリフォルニア大学バークレー校で海軍日本語プログラムが始まった。第一期生の数はハーバードで二七人、バークレーで二一人だった。訓練期間は一年間で、カリキュラムを組んだのはヒンドマーシュ。週六日、一日一四時間の学習を五〇週間続けることが求められた。また、毎週試験があり、年間で二五〇時間分の試験が実施された。内容としては、日本語の運用能力が重視され、使用言語は日本語のみ。プログラム終了時まで軍事的内容は扱われなかった。

当初からヒンドマーシュは、こうしたシラバスやスケジュールの厳守を求めていた。日系二世の教師陣が試行錯誤的に開発し、戦場からの情報に基づき臨機応変に調整されたＭ

ISLSのカリキュラムと比べ、日本語初心者が多かった海軍のプログラムでは厳格な日本語の基礎訓練が行われた。

開校当時の目標は、一年間の訓練後、漢字二〇〇〇字の読み書き、日本語の話し言葉八〇〇〇語の習得、日本語の新聞の読解、日本語ラジオ放送の発信と傍受、活字および草書による日本語文書の翻訳ができることだった。

教科書としては、東京スクールで使われていた長沼直兄著『標準日本語読本』が採用され、東京の米国大使館から全七巻五〇部が送られてきた。長沼の読本は日本という環境の中で三年かけて学ぶことを前提に作成されたものだが、同じ内容を日本人のいない環境の下わずか一年で詰め込むという極めて高い目標が掲げられた。一期生たちは、同プログラム修了時には予備役将校になれることが約束されていた。

†ハーバード大教授の抵抗

ハーバード大学で海軍日本語プログラムの指導を委託されたのは、セルゲイ・エリセーエフ教授だった。

エリセーエフはロシア出身。東京帝大国文科で学び、夏目漱石とも親交があった。帝大卒業後ロシアの大学で教職に就いたが、ロシア革命時にフランスに亡命し、のちに帰化。一九三二年からハーバード大学で日本の文化や歴史について教鞭をとっていた。日本研究の始祖ともいわれ、のちに駐日米国大使となるエドウィン・ライシャワーなどを指導した。

エリセーエフは、海軍将校に日本語の教え方をあれこれ指図されることを嫌った。長沼『標準日本語読本』の使用を要求されたがそれを拒否し、自ら作成した教科書を使い続けた。一九四一年一一月にヒンドマーシュがハーバード大学の日本語プログラムを視察し、報告書を通して同プログラムのカリキュラム変更を厳しく求めたが、エリセーエフはそれも無視した。また、授業内容も、軍事目的に沿って調整されることはなかった。

日米開戦後の一九四二年二月、ヒンドマーシュとショーは再びハーバード大学を訪れたが、エリセーエフはカリキュラムや教授法の変更に抵抗し続けた。ヒンドマーシュとショーは、日米が戦争状態にあるにもかかわらずエリセーエフが海軍の実際的な要件を認識しようとしないこと、また、理論重視で時間をかけながら進める学問的な日本語学習とは対照的な海軍の短期速習訓練を陰で批判し続けていることに対し不満を覚えた。その後、ハーバード大学の海軍日本語学校に新入生が送られることはなくなった。

†順調なバークレー

一方、カリフォルニア大学バークレー校では、ヒンドマーシュの指示に沿った訓練が進められた。主任教師としてヒンドマーシュが選んだのは無名のフローレンス・ウヮーンだった。ウヮーンは宣教師の両親のもと長崎に生まれた。一九三一年米国に移り、進学。その後、バークレーで博士課程の学生として研究に取り組みながら、生活費を稼ぐために同校で日本語を教え始め、二世の学生の間でも人気があった。実際のところ、海軍は一九三五年時点からすでに諜報網の候補としてウヮーンに目をつけていた。

ハーバード大学のエリセーエフ教授とは違い、ウヮーンは日本語の「正しい教え方」にこだわらず、ヒンドマーシュの要求通り、長沼の読本を用いた授業を行っていた。ヒンドマーシュもバークレーでの成果に満足し、一九四二年二月、二期生の四七人全員をバークレーに送った。訓練生の増加に対応するために、ウヮーンはすぐに朝鮮系米人を教師として雇った。その後、ワシントン大学の日本語プログラムが閉鎖され、同大学の日本語教員三人がバークレーに吸収された。

海軍日本語学校の訓練生は全員白人だったが、教師の多くは日系二世で、この点はMI

ＳＬＳと同様だった。一九四二年二月、西海岸の日系人の強制立ち退きが発表されると、教師に影響が及ばないように、バークレーの日本語プログラムも移転させる必要がでてきた。

当時すでに八人の二世が教鞭をとっていたが、一五〇人以上の三期生を迎えるために、ウォーンは二〇人以上の二世を教師として新たに雇う計画をしていた。そこで五月末に、ヒンドマーシュはコロラド大学ボルダー校を訪問し、移転の交渉を行った。コロラドは米国西部地区で日系人を受け入れ擁護した唯一の州だった。学長から同意を得て、六月バークレーの訓練生と教師はボルダーに移動した。

†ボルダーでの発展

一九四二年七月、海軍日本語学校はコロラド大学ボルダー校で一五三人の新入生およびバークレー校からの在学生六七人を迎え、再出発した。教師陣には一五〇人近い日系人が含まれ、その多くは強制収容所から採用されていた。主任のウォーンのもと、戦前バークレーで日本語を教えていたスム・ナカムラが副主任となった。教師は海軍ではなくコロラド大学の所属になったため、女性、また一世も教師として雇うことができた。

日本語初心者を対象とした速習プログラムという性質から、文法的な説明などの時間はなく、訓練生は語彙や漢字を丸暗記することに多くの時間をさいたという。日本語会話の練習が許されるのは一クラスに四—五人しかいなかった。ヒンドマーシュは訓練生の質がプログラムの成功の鍵だと信じ、優秀な人材のみを入学させることに固執したため、同じく白人の語学将校候補を積極的に探していた陸軍と摩擦が生じることもあった。

ボルダーの日本語プログラムは拡大し続け、一九四二年末までには三〇〇人の訓練生を抱えていた。一九四三年、ヒンドマーシュは女子学生の募集にも着手し、六—七月に全米で六〇〇人の面談を行った。その結果、年末までには七〇人が米海軍婦人義勇部隊(Women Accepted for Volunteer Emergency Service, WAVES)に志願した。

一九四三年にはロシア語、マレー語、中国語のクラスも始まり、日本語学校の名前は海軍東洋語学校(Navy School of Oriental Languages)に変わった。一九四四年八月までには約六〇〇人の卒業生を送り出した。

†ハワイに来た「漢詩の学者」

米陸軍内でいかに活躍してもなかなか将校に昇進できなかった二世の語学兵とは対照的

に、海軍日本語学校の修了者は、日本語能力のレベルに関係なく卒業と同時に「将校」となり、その多くが語学将校として太平洋地域に送られた。

一九四三年二月、海軍日本語学校一期生の二〇人がハワイの太平洋地域統合情報局（JICPOA）に到着し、翻訳部が新たに設置された。彼らの主な仕事は戦死した日本兵が残した日記の翻訳だった。

しかし、東京スクール卒の翻訳部長テックス・ビアードによると、この将校たちの日本語は初級レベルで、語彙力は乏しく、軍事の知識もなかったので、役に立たなかったという。ビアードは彼らを「漢詩の学者」と揶揄していた。ビアードの提言に基づき、ヒンドマーシュは日本語学校の訓練期間を一二か月から一四か月に延長することにした。

JICPOAでは、あらゆるレベルの海軍関係者が日系人に対して猜疑心を持っていた。よって、翻訳業務はすべてボルダー卒業生に任されており、一九四四年初頭までに、一〇〇人以上の日本語将校がJICPOA翻訳部で働いていた。

しかし、いかに優秀な人材を集めようと、わずか一年あまりの訓練だけで有能な翻訳官を育成するのには無理がある。大量の日本語文書と日本人捕虜を抱えたJICPOAは、陸軍の二世語学兵の助けを求めざるを得ず、一九四四年四月から五月にかけて、MISL

Sから計五〇人の二世語学兵をハワイに迎え入れたのだった。

日系人は真珠湾を臨むJICPOA本部への立ち入りを禁じられていたので、別館が設けられ、翻訳作業はそこで行われた。海軍語学将校五人、陸軍語学将校五人のもと、四〇人の二世語学兵が日本軍の技術文書、日本兵の日記やノートなどを翻訳した。

†言語官同士の摩擦

一九四四年一月、ボルダー二期生の中から二〇人の日本語将校が到着したのを機に、JICPOAには捕虜尋問部が設置され、日本語の会話力がある少数の将校が日本人捕虜の尋問を担当した。その中の一人、バークレー校の一期生だったフランク・ハギンズは日本人の祖母を持ち、日本で生まれ育ち、日本語を流暢に話した。ハギンズは「看守長」のような態度で、日本軍風に厳しく捕虜に対応したという。

一方、バークレー校の二期生でボルダーから卒業したオーティス・ケーリは、捕虜に対し共感を示すような態度で接し、かえって多くの情報を捕虜から収集できたとされている。ケーリは宣教師一家に生まれ、進学のため一四歳で米国に移るまで日本で育った。アマースト大学に在学中、バークレーの日本語学校に入学した。のちに日本文学研究者として有名になったドナルド・キーンと同期だった。

海軍日本語学校の卒業生の中には、戦闘部隊に帯同する者もいた。一九四三年五月から数か月にわたったアリューシャン方面の戦いでは、二世語学兵チームの指揮をとる白人語学将校が必要となり、MISLSからのみならず、数人の海軍日本語将校が陸軍第七歩兵師団に加わった。

二世語学兵は、自分たちよりも日本語力が劣る海軍の語学将校が人種的理由で将校になれない二世たちの指揮官になったことに不満をいだいていた。海軍将校に塹壕を掘るように命令され、拒否すると軍法会議にかけると脅された二世もいた。ケーリとキーンもアリューシャンに派遣されたが、海軍語学将校の評判が悪いのを聞いていたため、二世の信頼を得なければならないと感じたという。危険な戦闘を数か月も一緒に生き延びた後、二世語学兵と海軍語学将校の間のいがみ合いもなくなった。

ケーリはその後サイパン島の占領でも任務に就いた。一九四五年二—三月の硫黄島の戦い、それに続く沖縄戦でも、JICPOAからボルダー出身者が八四人派遣され、二世語学兵チームの指揮官として捕獲文書の翻訳や捕虜の尋問などに携わった。二世と海軍語学将校との間には摩擦があり、対立や競争があったという報告があったという。その中でも、沖縄戦に参加したキーンは最も優秀な日本語将校として二世からも認められた存在だった。

†暗号解読その他の活動

米海軍による暗号解読は主に、ワシントン、ハワイ、フィリピン（撤退後はオーストラリア・メルボルン）の通信諜報班で行われ、戦前から暗号の専門家として活躍してきた東京スクールの卒業生たちの指揮のもと、ボルダーの卒業生が日本軍の通信傍受や暗号解読に携わった。日系人は信用されず、機密性の高い暗号解読と翻訳の任務から排除されていた。

オーストラリア・ブリスベンの連合軍翻訳通訳部（ＡＴＩＳ）にもボルダー卒業生が四〇人ほど送られた。米陸軍のスタッフと衝突しながら、また二世語学兵の米国に対する忠誠心を疑いつつ、海軍日本語将校として翻訳などの仕事に携わったという。

一九四四年一二月から一九四五年一月にかけて、米陸海軍、英戦争省、豪軍、加軍、その他連合軍の代表がワシントンに集まり、捕獲した大量の日本軍文書にどう対応するか話し合った。二週間にわたる議論の末、作業の流れを調整管理し、翻訳の優先順位をつける新組織が設置されることになり、一九四五年二月米海軍情報局（ＯＮＩ）がワシントン文書センター（WDC）を設立した。

米国内に送られた日本語文書はすべて同センターで整理され、スクリーニング後に、翻訳すべき文書を太平洋地域軍陸軍情報研究部（PACMIR）またはONI極東課に送るというシステムだった。ONIはPACMIRから二世語学兵を数人調達して、同センターの運営にあたった。

一方、海軍による心理戦はヨーロッパを中心に展開されていた。しかし一九四五年になって、ONI次長のエリス・ザカライアス大佐による対日プロパガンダ放送の提案を戦時情報局（OWI）が受け入れ、ザカライアスは自ら「オフィシャル・スポークスマン」と称して、日本に向けた宣伝放送を流すようになった。ザカライアスは東京スクール出身で、ATIS部長になったシドニー・マシバー陸軍大佐とは同期だった。

ドイツが無条件降伏をした翌日一九四五年五月八日から八月四日まで一四回にわたり、ザカライアスは短波放送を用いて日本語と英語で、「無条件降伏は決して日本国民の全滅あるいは奴隷化を意味せず」などと伝えた。その内容を知った米軍内の対日強硬派はザカライアスの「オフィシャル・スポークスマン」としての地位を奪ったといわれている。

†終戦後の日本語学校と山下裁判

ボルダーの海軍東洋語学校は拡大し続け、一九四五年までには二四〇人の教師陣と数百人の在校生を抱えていた。さらなる拡大に備えて、一九四五年六月、ボルダー校の分校として、オクラホマ大学スティルウォーター校で日本語プログラムが始まった。教師数は一〇〇人を超え、六月から終戦の八月まで七〇〇人の訓練生がスティルウォーターに在籍したが、一九四六年六月に卒業したのはわずか一一七人で、同年六月三〇日には閉鎖された。また、ボルダーの学校も一九四六年夏には閉校となった。

海軍の日本語プログラムが運営されていた間、訓練志願者は総計八万人にのぼった。ヒンドマーシュはそのうち二万六〇〇〇人を面接し、一六八三人がハーバード、バークレー、ボルダー、スティルウォーターのいずれかに入学したが、最終的に卒業できたのは八二一人だった。訓練生のほとんどが日系二世で六〇〇〇人以上の卒業生を出したMISLSとは、質的にも量的にもまったく異なる状況だったといえる。

戦後の日本占領が始まって最初の数週間、注目を集める重要な任務は、二世語学兵ではなく陸海軍の白人語学将校が担当した。しかし、前述のように、占領統治のあらゆる側面で日本側とのコミュニケーションを実際に担ったのは日系二世、また日本の民間人だった。この構図はマニラで行われた米軍による山下奉文裁判（一九四五年一〇―一二月）での通訳問題にも端的に表れている。

戦後初の戦犯裁判となった山下裁判では、まず海軍・海兵隊日本語将校二人が法廷通訳者として任命されたが、自らの日本語能力の低さを理由に、法廷通訳者としての宣誓を拒否するという、米軍にとって極めて不面目な状況が生じた。かわって二世語学兵が法廷通訳を任せられたが、法律用語の知識がないため時間がかかり、裁判の進行が滞った。

最終的には、山下専属の日本人通訳者（ハーバード大出身の浜本正勝）が、自身が捕虜であるにもかかわらず、山下のために英日通訳をすることになった。こうした失態を世界が注目する東京裁判で繰り返すわけにはいかないとして、東京裁判では日本人が法廷通訳を行い、日系二世が通訳の正確さをモニターするという特異な通訳体制がしかれた。

†「ボルダー・ボーイズ」のその後

ＪＩＣＰＯＡにおける二世語学兵の活躍ぶりは、海軍の日系人に対する考え方にも影響を与えた。戦争中、チェスター・ニミッツ米太平洋艦隊司令長官兼太平洋地域最高司令官は日系二世を信用せず、排外的な態度を見せていた。しかし一九四五年一〇月、日系アメリカ人市民同盟が海軍に対し日系人の入隊を認めるよう要求したのに対し、ニミッツは日系二世が太平洋地域やその他で立派に任務を果たしたとして、日系人排除の方針を撤回したのだった。

海軍日本語学校の卒業生は「ボルダー・ボーイズ」と呼ばれ、中には戦後、外交、ビジネス、学術などさまざまな分野で日本専門家として活躍した者がいる。

翻訳家として川端康成のノーベル文学賞受賞に貢献したエドワード・サイデンスティッカー、また、前述のドナルド・キーン、オーティス・ケーリはボルダー・ボーイズの代表格である。

サイデンスティッカーはボルダーを卒業後、海兵隊日本語将校として一九四四年、JICPOA翻訳部に送られた。また、一九四五年には硫黄島の戦いにも参加した。戦後は、占領軍の一員として長崎に上陸し、日本軍の武装解除などに携わったが、一九四六年には除隊となり、コロンビア大学の大学院に進学した。川端だけでなく、谷崎潤一郎、三島由紀夫らの作品、また『源氏物語』の翻訳者として名を残した。

キーンは除隊後、コロンビア大学に戻り、日本文学を研究。主に同大学の教壇に立ち、名誉教授となった。古典から現代文学まで日本文学を世界に紹介しただけでなく、日本や日本人についての著作も多い。二〇一一年東日本大震災を機に日本国籍を取得した。

ケーリは戦後、アマースト大学に復学し学位を得たあと、同志社大学で長年教鞭をとった。

†その他の日本語プログラム

MISLSとその予備校的存在だったミシガン大学の陸軍日本語プログラム、また、ボルダーの海軍日本語学校のほかにも、戦時中、さまざまな組織や大学が軍事目的のための日本語教育に関わるようになった。それによって、教師や訓練生の取り合いになっただけでなく、各プログラム間の調整に苦労するという問題も発生した。

まず、一九四三年米陸軍が工学や医学などの専門家を養成するために設置した陸軍特別教育プログラム（Army Specialized Training Program, ASTP）に地域研究・語学が含まれたことによって、五五の大学で三三言語におよぶ外国語プログラムが提供されるようになった。

日本語のASTPプログラムは戦前から日本語を教えていた大学で展開された。たとえば、ミシガン大学では、一九四三年一〇月、すでに始まっていたMISLSの準備プログラムと並行して、ASTPの日本語プログラムが設置され、MISLS担当のジョセフ・ヤマギワ教授がASTPの運営も兼任し、あらたに一七人の教師を雇った。ミシガン大学で日本語を学んだ訓練生の数は、最終的にASTPで二六四人、MISLSで九七五人となった。しかし、ASTPの語学プログラムは多くの場合、準備不足などの問題に直面し、一年も経たないうちに、戦争省は同プログラムを中止してしまった。一九四四年三月には、ほとんどの大学でASTPのための外国語・地域研究コースは閉鎖された。

一方、陸軍の教育研究所（Armed Forces Institute）は、外国語の簡単な教科書と音声教材を言語学者に開発させ、それを軍人に配布して自学自習を促した。日本語を担当したのはイェール大学の著名な構造主義言語学者であるバーナード・ブロックと弟子のエレノア・ジョーデンだった。二人の共著による『Spoken Japanese』（日本語の話し言葉）は、日本語がローマ字で表記された教科書で、戦後、一般教育機関でも使用された。

戦略諜報局（OSS）は心理戦のために雇った日系二世の一部を一九四四年、MISLSに送り日本語の訓練を受けさせていたが、一九四五年になると、ペンシルバニア大学に日本語と朝鮮語の集中訓練を六か月行うプログラムを設置した。

一方、陸軍情報部はメリーランド州キャンプ・リッチーの軍事情報訓練センターにおける諜報訓練に日本語クラスを取り入れていた。

また、終戦後の占領における軍政要員を養成するために、一九四二年に海軍はコロンビア大学で、陸軍はバージニア大学で、軍政学校（School of Military Government）を開設し、日本語のクラスも開講された。さらに陸軍は、一九四三年に民政訓練学校（Civil Affairs Training Schools, CATS）を地域研究で実績のある大学一〇校に設置することにした。一九四四年、ハーバード、イェール、ミシガン、シカゴ、ノースウェスタン、スタンフォードの六校で日本語クラスを含むCATSが始まった。

ミシガン大学のヤマギワ教授は一時期、MISLS（一九四二—四六）、ASTP（一九四三—四四）、CATS（一九四四—四五）すべての運営に同時に関わっていたことになる。

第二章

ロンドン大学と暗号解読学校

1 開戦前の英国の取り組み

†日本語専門家の不足

幕末の一八五八年、日本は米国、オランダ、ロシア、英国、フランスの五か国と通商条約を結んだ。翌年、江戸高輪に開設された英国公使館では、当初、本国からオランダ語通訳者を雇い入れていたが、一八六〇年、英国政府は通訳生（student interpreters）制度を設け、現地の言語に長けた公使館職員を養成し始めた。

日本に派遣された通訳生の中でもっともよく知られているのはアーネスト・サトウである。サトウは一八六二年に来日。米人宣教師や日本人医師などから日本語を学び、通訳官試験に合格し、一八六八年には日本語書記官に昇進した。その後、一八九五年から一九〇〇年には駐日英国公使を務めている。この通訳生制度は、日英が国交を断絶する一九四一年まで続いた。

また、一九〇二年に日英同盟が締結されると、翌年、英軍は語学将校を養成すべく、若い将校たちを日本に送り始めた。訓練期間は当初一年だったが、まもなく海軍は二年に、陸軍は三年に期間を延長した。教師を務めたのは公使館（一九〇五年から大使館）の通訳官や個別に雇用された日本の知識人だった。

語学将校は通訳官・翻訳官として大使館駐在武官を補佐しながら、日本軍の組織、能力、動向に関する情報を定期的に報告する仕事に携わっていた。

第一次世界大戦の勃発で語学将校の派遣は一時途切れたが、日本がアジアにおける英国の権益への脅威になりつつあるという認識のもと、英陸軍は一九一七年に、また英海軍は一九一九年に、語学将校の日本留学を再開させた。選抜された語学将校は、ロンドン大学東洋研究学院（School of Oriental Studies）で三か月の日本語入門クラスを受講した後、日本へ旅立った。その後、英軍は資金難に見舞われ、語学将校の安定的派遣や通訳官の確保は難しくなった。

日英同盟廃止が決定された一九二一年以降、一九二九年までの間に、英陸海空軍、インド軍、豪陸海軍から合計六一人（年平均で約七人）が日本で語学将校として訓練を受けたが、通訳試験不合格、除隊、死亡した者が一六人おり、英軍内での日本語専門家の数はかなり限られた状態だった。また当時、英海軍は日本軍による暗号通信の傍受に成功していたが、日本語の翻訳要員が不足していたため、十分な情報収集ができなかった。

一九三一年の満州事変以降、日本に対する警戒心をさらに強めた英国は、対日諜報活動を調整し拡充する必要性を認識していたが、資金不足のために日本に派遣する語学将校の数は落ち込んだ。一九三〇年から一九三七年までに日本に送られた語学将校の数はわずか一八人（年平均で約二人）だった。

また当時、外国人の活動は日本政府の厳しい監視下にあり、同盟関係時代に享受できた日本軍へのアクセスも限定され、日本軍の情報を収集するのは難しかった。一九三三年から一九三七年の間に、大使館駐在武官と語学将校によって日本軍の臨戦態勢に関する報告書が作成されたが、情報は限られており、英陸軍省情報部極東班内に日本専門家が少なかったため、報告書の適切な評価ができなかったとされている。

†否定された速習提案

一九三七年、日中戦争が始まると、英国は対日諜報活動における要員確保の重要性をますます認識するようになった。同年一二月、英国外務省は駐日英国大使館に対し、インド軍の士官を三人日本に語学将校として派遣し、一年間で日本語を学ばせる提案を行っている。同大使館における日本語研修でそれまで蓄積された経験に基づき、クレイギー駐日大使はこの提案に対し否定的な返答をした。以下はその理由の抜粋である。

外国での初期的な日本語学習は書き言葉の導入という意味である程度価値があるが、日本の実際の雰囲気や環境、適正な指導がないことは問題であり、外国で六か月日本語を学んだとしても、それは日本での一か月の滞在経験にも匹敵しない。

日本での最初の一八か月はたいへんで、書き言葉を学んでもそれがすぐに話し言葉の習得につながらず、二つの異なる言語を学んでいるようなものだ。最低でも二〇〇〇字の漢字を知らなければ新聞も読めず、また話し言葉には身分や性別による言い回しの違いという難しさがある。日本で一年過ごしても、せいぜい簡単な話題について短い会話ができるようになるだけだ。

日本政府は諸外国との間で二年間の交換留学制度を推進してきたが、それでは短すぎで、日本語を真に価値のあるレベルまで習得するには日本で最低三年間は学習する必要がある。日本政府の交換留学制度で来日したドイツの優秀な学生が大阪商科大学で二年間学んだが、一年目は日本語の勉強で精一杯で、講義が少しでも理解できるようになるのに一年半かかり、きちんと理解できるようになった頃には二年の留学期間が終わっていたという例がある。英国から交換留学生が来るならば、最初の一年間は日本語の勉強に集中し、二年目に日本語の勉強を継続しつつ講義科目を受講することが望まれる。

こうした理由から、公共の資金が使われる場合、士官であろうと民間人、学生であろうと、一年という短い期間の日本語学習で望まれる結果が得られることはなく、公共の利益にとっても、また留学生自身にとっても健全なことではないと思われる。(一九三八年三月一九日付クレイギー大使から英国外務省への通信、FO 371/22192/3926)

実際に一九三八年、インド軍士官二人が語学将校として日本に送られてきたが、大使館駐在武官から厳しい評価を受けることになった。

派遣された将校のうち一人は中国語通訳官の資格を有するステイブル少佐で、もう一人は東洋研究学院のプログラムで初級日本語を学んだサンダー中尉である。二人とも、英軍が行う日本語研修の通常のシラバスで一年修了時に行われる進級試験の「予備試験」をインドで受け、合格したとされていた。彼らは日本到着後三週間でこの進級試験の「本試験」（会話、翻訳、『小学読本』全巻に含まれる漢字のテストから成る）を課せられたが、不合格となってしまった。

審査委員長だったピゴット大使館駐在武官はインド軍司令官に対し、ステイブル少佐の

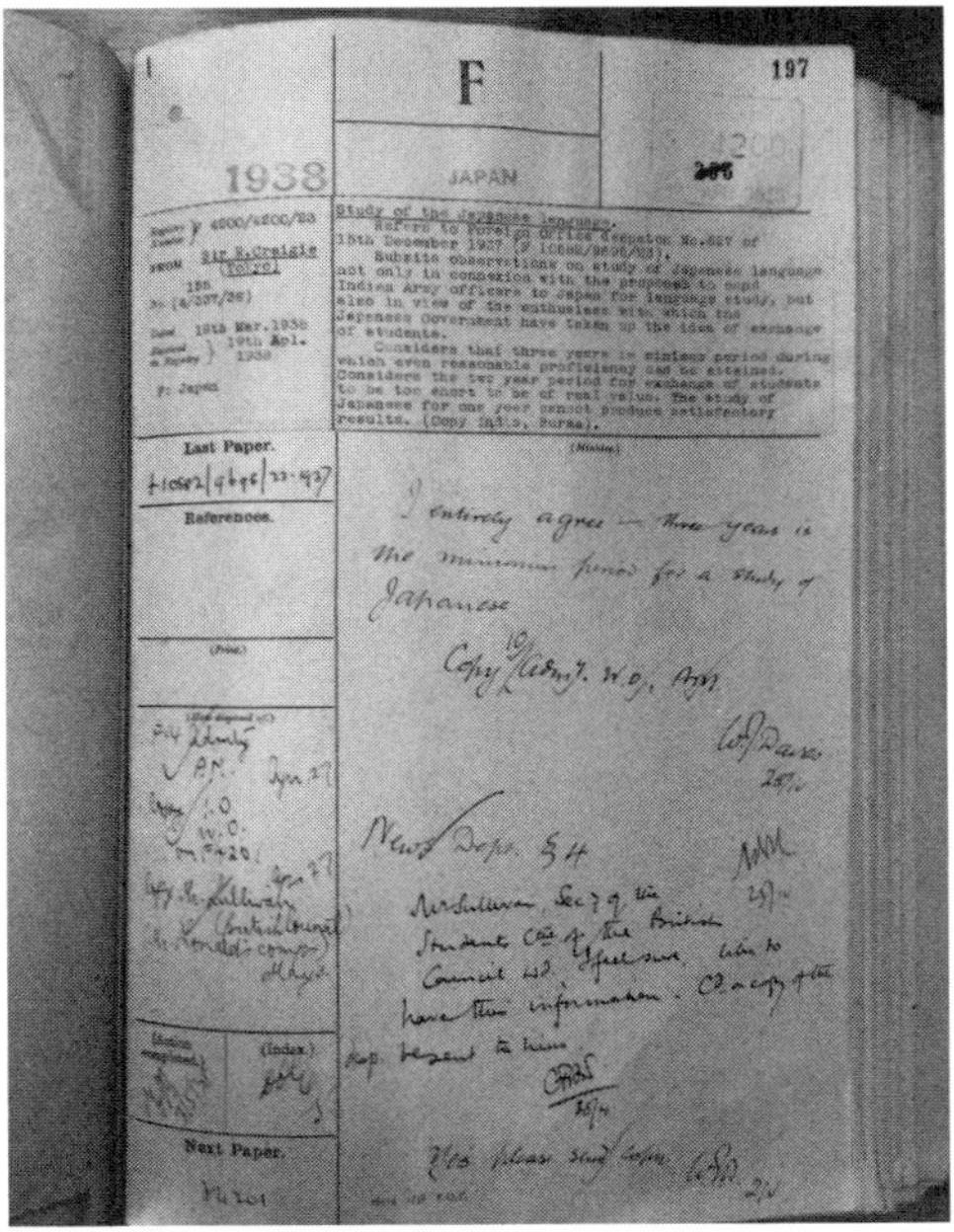
F

197

1938

JAPAN

FROM Sir R. Craigie (Tokyo)

Dated 19th Mar. 1938

19th Apl. 1938

Study of the Japanese language.

Refers to Foreign Office despatch No. of 15th December 1937

Submits observations on study of Japanese language not only in connexion with the proposal to send Indian Army officers to Japan for language study, but also in view of the enthusiasm with which the Japanese Government have taken up the idea of exchange of students.

Considers that three years is minimum period during which even reasonable proficiency can be attained. Considers the two year period for exchange of students to be too short to be of real value. The study of Japanese for one year cannot produce satisfactory results.

Last Paper.

References.

I entirely agree — three years is the minimum period for a study of Japanese

Next Paper.

日本語担当官養成に関する英国政府内での議論を示す文書（1938年）

訓練期間を少なくとも六か月延長させ、日本軍付の任務を与えること、またサンダー中尉には半年後に同試験を再受験させることを勧めた。

†在日英国人の中から通訳者探し

英軍が語学将校の迅速な養成に苦労する中、駐日英国大使館では、日本との軍事衝突に備え、民間の在日英国人（英連邦出身者を含む）の中から通訳候補者を見つけ、そのリストを本国外務省に報告していた。一九三八年に大使館と外務省の間で交わされた通訳候補者に関する通信を見ると、東京、横浜、大阪、神戸、淡水（台湾）、大連の英国領事館から計約九〇人の通訳候補者の名前と簡単な所見が提供されている。

その中で、開戦を意識して提起された具体的な問題が議論されている。たとえば、実際にどのような手順で民間の通訳者を動員するのか、日本脱出の際の経費、離職に対する補償、給与はどうするのか、まずどこに避難させるべきかなどの内容である。それに対し、信頼できる少数の通訳候補者に任務に就く用意があるか事前に確認しておく、通訳者には十分な給与を払い、動員にともなう経費や補償も公費で賄う、日本から脱出しても極東地域に残るべきだが、香港は日本に攻撃される可能性があるので、シンガポールなどを避難先として考える、などという対応が検討されている。

また、宣教師や教師として日本各地や台湾などで働く英国人やカナダ人の女性、また英国人と結婚している日本人女性やユーラシア人（白人とアジア人の混血）女性も、後方の翻訳者として活用すべきであり、信用性についても男性と同じ基準で評価されるべきだとの議論がなされている。さらに、今後、各領事館が統一された項目と分類に基づいて通訳候補者リストを作成し、頻繁に更新することも提案された。

†信用の問題

一九三九年二月から九月にかけて駐日英国大使館側が本国の外務省に送った民間の通訳候補者に関する報告書には、東京、横浜、大阪、神戸、淡水、大連、ハルビンの英国領事館で作成されたリストが含まれている。いずれも、日本語能力、信用性、即時配備の可能性などを基準に選ばれた候補者がA、B、Cの三つのカテゴリーに分類された形式で提示されている。

カテゴリーAは「信用でき、直前の通知でも日本を発つことができそうな人員」、カテゴリーBは「信用できると考えられるが、さまざまな理由から即時配備には必ずしも適さない人員」、カテゴリーCは「信用できないと想定され、ある状況下でのみ働ける人員」とされた。

たとえば、東京地区を対象に作成された一九三九年一月一日付の通訳候補者リストには

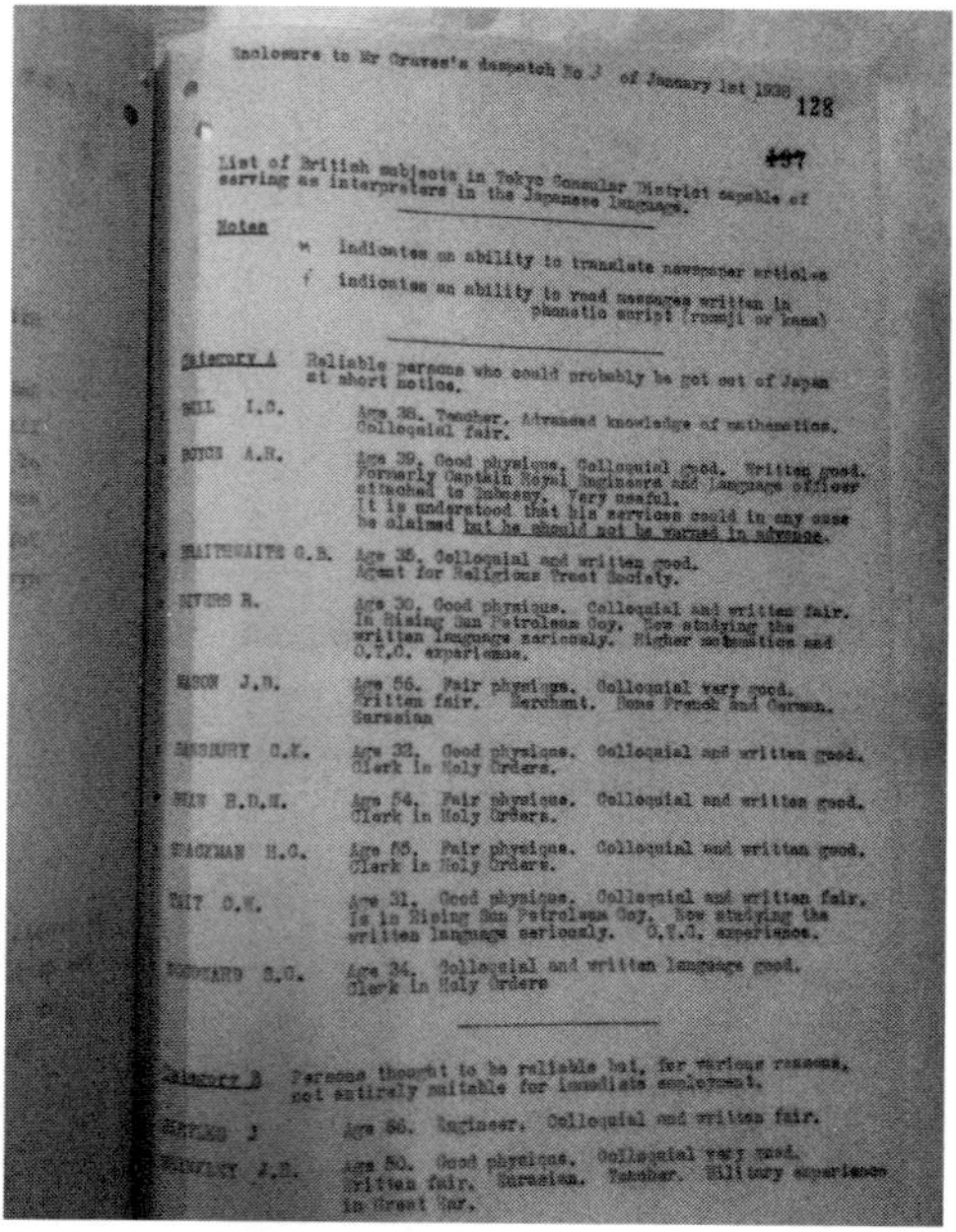

Enclosure to Mr Graves's despatch No 3 of January 1st 1939

128

List of British subjects in Tokyo Consular District capable of serving as interpreters in the Japanese language.

Notes

* indicates an ability to translate newspaper articles

† indicates an ability to read messages written in phonetic script (romaji or kana)

Category A Reliable persons who could probably be got out of Japan at short notice.

BELL I.C. Age 38. Teacher. Advanced knowledge of mathematics. Colloquial fair.

BOYCE A.R. Age 39. Good physique. Colloquial good. Written good. Formerly Captain Royal Engineers and language officer attached to Embassy. Very useful. It is understood that his services could in any case be claimed but he should not be warned in advance.

BRAITHWAITE G.B. Age 35. Colloquial and written good. Agent for Religious Tract Society.

RIVERS R. Age 30. Good physique. Colloquial and written fair. In Rising Sun Petroleum Coy. Now studying the written language seriously. Higher mathematics and O.T.C. experience.

MASON J.B. Age 56. Fair physique. Colloquial very good. Written fair. Merchant. Some French and German. Eurasian

SANSBURY C.K. Age 32. Good physique. Colloquial and written good. Clerk in Holy Orders.

[illegible] R.D.M. Age 54. Fair physique. Colloquial and written good. Clerk in Holy Orders.

STACYMAN H.G. Age 55. Fair physique. Colloquial and written good. Clerk in Holy Orders.

TAIT C.W. Age 31. Good physique. Colloquial and written fair. Is in Rising Sun Petroleum Coy. Now studying the written language seriously. O.T.C. experience.

[illegible] S.G. Age 34. Colloquial and written language good. Clerk in Holy Orders

Category B Persons thought to be reliable but, for various reasons, not entirely suitable for immediate employment.

[illegible] J Age 56. Engineer. Colloquial and written fair.

[illegible] J.B. Age 50. Good physique. Colloquial very good. Written fair. Eurasian. Teacher. Military experience in Great War.

カテゴリー別に分けられた通訳候補者のリスト

合計二三人の名前が挙げられており、カテゴリーAは八人、Bは八人、Cは七人という内訳になっている。そして、各候補者に対し、「1.氏名、2.年令、3.職業、4.住所、5.健康状態、6.日本語能力（話し言葉、書き言葉）、7.日本語以外の外国語能力、8.従軍経験、9.車両の運転ができるか、10.所見（本人と面識があるか）」といった属性が記されている。さらに、「新聞記事が翻訳できる」、「音標文字（ローマ字、かな）が理解できる」場合は、それぞれ記号で示されている。

カテゴリーAに属する通訳候補者はほとんどが三〇代の事務職で、日本語で会話ができ文書も読める。カテゴリーBの場合、日本語能力はAと同じレベルだが、年齢が比較的高く、ほとんどが教会関係者である。即時配備が難しいという理由で「B」に属しているのだろう。また、カテゴリーCでは、日本語能力は高いが、全員ユーラシア人で、日本人妻、日本との二重国籍、または日本人有力者との関係を有している。彼らは「信用性」の問題で、Cに分類されたと考えられる。

†実際に通訳をしたのか？

こうした通訳候補者のリストに含まれた人物で、実際に戦争中、英軍側で日本語能力を生かす仕事に携わったことが現時点で確認できるのは二人である。

一人は、前述のリストでCのカテゴリーに属したエイイチ・マツヤマだ。母親が英国人、父親が日本人で、当時二三歳、帝国ホテルで働いていた。その後、英国に移ろうとするが、ヨーロッパで戦争が勃発したためにそれもかなわず、カナダ東部に渡る。一九四一年五月にモントリオールでカナダ軍に入隊し、英国に派遣される。真珠湾攻撃後に、日本語文書の翻訳に携わり、その後ロンドン大学東洋アフリカ研究学院（School of Oriental and African Studies, University of London, SOAS）の日本語教師になった（詳細は後述）。

もう一人は、神戸領事館が作成した一九三九年四月一日付通訳候補者リストの中でカテゴリーBに挙げられたW・アラブである。アラブは当時三三歳。ユーラシア人で日本語の会話能力はあるが、読み書きは少しできるのみと記されている。一九四五年のカナダ陸軍日本語学校（S－20）の卒業アルバムによると、アラブは戦前、米フォード社の日本支社で働いていたが、その後カナダに渡り、S－20（第四章を参照）の教師として、主に日本語会話を教えた。

2 ロンドン大学東洋アフリカ研究学院「ＳＯＡＳ」

†遅れた日本語への対応

ロンドン大学東洋研究学院は、主に大英帝国の植民地行政官を育成する目的で一九一六年に設立され、一九一七年から日本語を含むアジア・アフリカの一五言語の授業が開講された。その後、対象言語は数十に増え、植民地行政官のほか、軍将校、貿易商、宣教師などが学んだ。一九三八年にロンドン大学東洋アフリカ研究学院（ＳＯＡＳ）と改名され、今日に至る。

東洋研究学院で日本語を学ぶ学生数は初年度が七人で、日英同盟が撤廃される一九二一年までの年平均で二七人だった。しかしその後、学生数は低下し続け、一九四〇―四一年の学生数はわずか五人だった。これは、英軍が資金難のために日本へ派遣する語学将校の数を削減した状況と連動していると考えられる。

日本語教員数も二人程度と少なく、一九三九年時点では、ノエル・アイズモンガー元海軍中佐と助手として吉武三郎（蒙古語も担当）が教鞭をとっていた。アイズモンガーは語学将校として日本に派遣され、一九〇九年に海軍通訳官の資格を得ており、司令官として退役した後、一九一八年に東洋研究学院で日本語の学位も取得していた。

世界的に戦争の気配が垂れ籠める一九三九年の春、戦争省はSOASに対し、開戦すればトルコ語、日本語、アラビア語、ペルシャ語の研修が必要となり、各言語に対し二〇人の将校を同校に送ると知らせた。しかし、この計画が実行に移されることはなかった。

アジア情勢に照らし、インド軍強化のために英人将校がインドに派遣されることになり、SOASは彼らのためにオックスフォード大学やケンブリッジ大学などでウルドゥー語の研修を提供した。それ以外にもSOASは戦争省に対し、戦争遂行のための語学研修の重要性について働きかけ、特に英国では日本語話者が極端に不足していることを警告し、日本語の集中的な訓練プログラムを設置すべきだと強く提案した。しかし戦争省側は、日本語要員は十分な状況だとして、提案に応じなかった。

最終的に、英軍の組織が対日諜報活動に必要な要員をSOASに送り込んだのは、一九四一年一二月の日英開戦後のことだった。香港、マレー、シンガポール、ビルマで日本軍の勝利が続く中、英軍は、語学将校だけでなく、SOAS卒業生など日本語能力のある民間人も動員しようとしたが、その多くはシンガポールや香港で日本軍の捕虜として拘留されていた。SOASは軍人を対象とした短期集中プログラムを戦争省に再び提案し、戦争省側はすぐにそれを受け入れたのだった。

†SOAS戦時日本語プログラムの開設

一九四二年五月、SOASで戦争遂行目的のための新たな日本語プログラムが開設された。このプログラムを中心的に運営した教員のフランク・ダニエルズが書いた一九四五年八月付の報告書によると、SOASの戦時日本語プログラムには、主に五つのコースがあった。

(a) 政府給費生（総合）コース（一九四二年五月〜四三年一二月）
(b) 尋問官コース（一九四二年七月〜四五年七月）
(c) 翻訳官総合コース（一九四二年七月〜）
(d) 翻訳官短期コース（一九四二年七月〜四三年九月）

(e)　総合コース（一九四四年六月〜）

訓練期間は(d)の短期コースが六か月または九か月、(e)は一八か月、(a)、(b)、(c)は一二―一八か月だった。そのほかにも、戦前日本語を学んだことのある軍人を対象とした短期復習コースや外務省や海軍の特定目的のための短期コースも随時提供した。

†戦時日本語プログラム卒業生「ダリッジ・ボーイズ」

ＳＯＡＳで日本語の訓練を受けたのはほとんどが軍人だったが、(a)政府給費生コースの対象となったのは、シックス・フォーマー（sixth-formers）と呼ばれる大学入学前の若い学生だった。

これは、戦争省に促されて教育委員会が設置した制度で、語学の才能がある一七―一八歳の男子学生を給費生として選抜し、ＳＯＡＳでトルコ語、ペルシャ語、中国語、日本語のいずれかを学ばせるというものだった。トルコ語とペルシャ語では一年間、中国語と日本語では一八か月から二年の訓練を受け、卒業後は諜報活動に携わることになっていた。

彼らは寄宿していたダリッジ・カレッジにちなんで、「ダリッジ・ボーイズ」と呼ばれる。最初の募集で八〇〇人以上が応募し、合格したのは七四人。そのうち三〇人が日本語の訓練生だった。

一九四二年五月に授業が始まった。内容は、主に日本語の読み書きと会話一般で、修了

戦時中にSOASの日本語特別コースで学んだ、通称「ダリッジ・ボーイズ」

近くになって適性に応じて翻訳官あるいは尋問官になるための訓練を受けた。第一期生は一九四三年一二月に修了予定だったが、深刻な日本語要員不足に応えるために、修了前の七月に六人が現場の仕事に送られた。三〇人のうち二人が落第、二八人が修了した。その後、徴兵の対象年齢が一八歳に引き下げられたことを背景とし、一九四三年の中頃、教育委員会はこの給費生制度を廃止する決定をした。

優秀な学生として選抜されたダリッジ・ボーイズの中には、戦後、学界や経済界で活躍した著名人もいる。たとえば、ピーター・パーカーは英国国鉄総裁や欧州三菱電機会長を務めた。また、ロナルド・ドーアは日本経済研究の権威としてSOAS、ハーバード大学、マサチューセッツ工科大学（MIT）などで教鞭をとり、ジョン・マックエバンはケンブリッジ大学で日本史を教えた。さらに、パトリック・オニールはSOASに戻り、日本研究の教授となった。

†翻訳官コースと尋問官コース

軍人を対象としたSOASの戦時日本語プログラムでは、当初、尋問官養成と翻訳官養成という独立した二つのコースが運営されていた。ダニエルズが報告した(b)尋問官コースと、(c)翻訳官コースである。

日本語教育に関わってきた教員は読み書き能力と会話力を分離させるやり方に反対したが、できるだけ早くまた効果的に数多くの日本語要員を動員したい軍部の強い要請に応え、こうした変則的なプログラムが実施されたのだった。また、日本語の習得には最低三年はかかると主張したSOAS側に対し、軍部は一年間で必要なスキルを身につけさせることを要求した。結果、軍事目的に特化した緻密なシラバスのもと、一日の勉強時間は八―九時間、毎週行われる試験で訓練生の到達度がモニターされる、という厳しい特訓プログラムが生まれた。

日本人捕虜の尋問を行う要員を養成する尋問官コースでは、大学卒で語学の才能のある者が選抜され、第一期生は一九四二年夏に入学、第三期生が訓練を修了した一九四五年七月まで続いた。いずれも、一三か月から一七か月、日本語の会話能力のみに集中した訓練が行われた。英陸海空軍から合計七四人が入学したが、卒業できたのは六一人で、ビルマ戦線などに派遣された。

一方、尋問官コースと同時期に並行して実施されたのが翻訳官コースで、捕獲文書を翻訳する要員を養成するために、約一五か月間、日本語の読み書きだけに集中した訓練が行われた。第六期生が修了した一九四五年一〇月までこのコースは続き、英陸海軍から八九人が訓練を受けた。そのうち修了できたのは七八人だった。中でも、トランスレーターズ・ファイブ（Translators V）として知られる第五期生の九人は優秀な人材がそろい、結束が固いことで有名だった。

†総合コースの誕生

尋問官コースの卒業生の中には、現場で文書を翻訳するように求められる者がいた。同様に、翻訳官コース卒業生が、日本人捕虜の尋問をするように求められることもあった。結局、日本語の読み書き能力と会話力の両方を備えた要員が必要だという戦地からの強い声に応え、一九四四年六月、戦争省はSOASの尋問官コースと翻訳官コースを統合することに同意した。

SOASの教員たちはこれを歓迎し、それまでの二年間で蓄積された経験や教材に基づき、一八か月の軍総合コース（Services General Purpose Course）を始めた。ダニエルズが報告した(e)総合コースの誕生である。

米海軍の日本語学校での実践が参考にされたが、米海軍のやり方は戦前の語学将校が日本に留学して三年で学んでいたことを単に短期間に詰め込んだだけで、特定目的のために効率よく日本語を教えるのには適していないという判断が下された。また、米海軍の日本語訓練生が頼っていた長沼直兄著『標準日本語読本』も、使われている文例が学問的また文学的であり、戦争目的の日本語プログラムには不向きだとして、SOASでは使われなかった。同様に、米陸軍が日本語の自習教材として作成させたバーナード・ブロックとエレノア・ジョーデン著の『Spoken Japanese』も、日常生活に関する会話が扱われており、軍事用語がほとんど含まれていないという理由で、教科書として採用されることはなかった。

結局、戦前から日本語教育に携わってきたSOASの教員たちは、その経験に基づきながらも、戦時プログラムの目的と効率性を優先して、さまざまな教材を組み合わせながら、独自のカリキュラムを実施したのだった。

第一期生がSOASの(e)総合コースを修了したのは一九四五年一二月だったが、日本占領における言語官が必要だとの認識から二期生を迎え、二期生が卒業した一九四七年五月をもって、戦時日本語プログラムは修了した。このコースには陸海空軍から合計九二人が入学し、約七〇人が卒業した。

ダリッジ・ボーイズと同じように、尋問官コース、翻訳官コース、総合コースの卒業生の中には、戦後、外交、学術、ビジネスの分野で活躍した人物がいる。

元駐日英国大使のヒュー・コータッツィは尋問官養成コースを一九四四年一二月に修了するとインドに送られ、シンガポールの東南アジア翻訳尋問センター（SEATIC）、また占領期の日本で任務に就いた経験を持つ。その他、SOASに日本研究の教授として戻ったチャールズ・ダン、ビルマ戦研究の権威としてダラム大学で教鞭をとったルイ・アレン（トランスレーターズ・ファイブの一人）、ケンブリッジ大学で日本文学を教えたダグラス・ミルズといった卒業生たちは戦後の日英関係や日本研究の発展に大きな貢献をした。

†音声学・言語学部での訓練

翻訳官や尋問官を養成する戦時日本語プログラムはSOAS極東学部の中で実施されていたが、それとは別に、音声学・言語学部では日本語を聞いてその音をローマ字で文字化する訓練も行われていた。訓練期間は一〇週間で、インドにあった諜報部門で傍受した日本軍の機上通信を書き留めるなどの任務に就く言語官を養成した。

一〇人以上の教師陣がいたが、そのほとんどがインドやアフリカの言語を専門とする音声学者たちで、日本語を理解できたのはＳＯＡＳ日本語科を卒業したジョン・ライドアウトとバリー・マッケイの二人にすぎなかった。

戦争遂行のために、日本語を聞き取って書き留めるという特定のスキルだけに焦点を当てたこの訓練には、約一八〇人が参加した。

†女性の訓練生「ブレッチリー・ガールズ」

ＳＯＡＳの戦時日本語プログラムには少数だが、女性の訓練生もいた。

一九四三年、婦人補助空軍（Women's Auxiliary Air Force, WAAF）から七人がＳＯＡＳの空軍向け短期日本語コースに送られてきた。彼女らは日本語の挨拶や会話などは全く勉強せず、六か月間、日本語の軍事用語と軍事文書に焦点をあてた集中訓練を受けた。二週間ごとに試験が行われ、七五点以上を取れば合格とされた。

卒業後は太平洋戦線での任務があるかもしれないと告げられていたが、最終的には、暗号解読を行っていたブレッチリーパークに送られ、呼出符号インデックスや日英軍事用語集の作成などに取り組んだ。

「ＳＯＡＳのブレッチリー・ガールズ」の存在は、二〇一六年になるまで一般には知られていなかった。

†日本通の英国人教師陣

戦前からSOASの日本語クラスを担当していたノエル・アイズモンガーと吉武三郎に加え、戦時日本語プログラムの教師陣として、まずは英国人四人、日本人四人が雇われた。その後、日系カナダ人や同プログラムの優秀な卒業生が加わり、出入りも多少あったが、一番多い時で二五人が教鞭をとった。

以下、重要と思われる数人の教師について紹介する。

ロイ・ピゴット少将はお雇い外国人だった法律家の父親とともに幼少期を数年日本ですごした。陸軍士官学校を卒業後、一九〇四年第一期語学将校の一人として日本に留学し、一九〇六年通訳官の資格を得た。一九一三年には『Elements of Sosho』(草書の基礎)を刊行している。駐在武官補佐、駐在武官として二度にわたり東京の英国大使館で務めた親日派であり、日英関係が悪化する中で孤立し、一九三九年に退役していた。一九四二年一〇月にSOAS日本語プログラムの教師として迎えられ、翌年から翻訳官コースの主任を務めた。

ピゴットに加え、以下の英国人三人が同プログラムの初期に雇われた。

ジョン・ピルチャーは一九三六―三九年に駐日副領事、領事を務めた外交官だった。戦後一九六七年に駐日大使となった。ジョン・ライドアウトは一九三四―四〇年にＳＯＡＳで中国語と日本語を専攻した。当初、翻訳官コースの主任だったが、音声学・言語学部に移籍した。三人目が、前述の報告書を書いたフランク・ダニエルズである。

ダニエルズはロンドン・スクール・オブ・エコノミクスを卒業後、一九二八年に来日し、英国大使館の海軍武官室に勤務した。その後、一九三〇年代に小樽商科大学などで英語教師となったが、一九三九年にはＳＯＡＳ日本語講師の職を得た。しかし、ヨーロッパでの戦争状況があったため、米国を経由して英国に帰国できたのは一九四一年のことだった。米国ではハーバード大学でエリセーエフやライシャワーによる日本語の授業を見学できたという。ダニエルズはＳＯＡＳの戦時日本語プログラムでは尋問官コースの主任となり、日本人の妻おとめとともに、日本語プログラムの中心的な役割を果たした。

†日本人、台湾人、日系カナダ人

おとめのほか、ＳＯＡＳで教鞭をとった日本人にジャーナリストの松川梅賢と簗田銓次がいる。

簗田は一九三一年に東京帝国大学を卒業後、ハーバード大学に一年留学し、一九三三年に渡英した。一九三五年から一九四一年まで読売新聞のロンドン特派員をしたが、日英開戦後に辞職を決意し、日本側には電報でその旨を伝えた。同盟通信記者だった松川とともに、一九四二年マン島に一時拘留されたが解放され、同年九月からSOASに雇われ、主に尋問官コースで教えた。簗田は標準語を話したため、蓄音機用レコードに日本語を録音し、それが教材として使われたという。また、英国の日本向け放送にも関わったとされている。一九七二年に亡くなるまでSOASの教壇に立った。

また、台湾出身の黄彰輝は一九四三年から主に翻訳官コースで教えた。黄は一九一四年日本植民地下の台湾に生まれ、東京帝国大学哲学科を卒業後、英国に留学し、ケンブリッジ大学で神学を学んだ。日本人とみなされるはずの黄が英国内で拘束されなかったのは、教会関係者が彼を守ったからだという。戦後のことを考え、SOASで北京語を学ぼうとしたところ、教師不足に悩んでいた日本語プログラムに雇われたのだった。戦後は、台湾で英国長老会の牧師となり、台湾神学院院長を務めた。

さらに、日系カナダ人四人が教師陣に加わった。

彼らは太平洋戦争開戦前にカナダ東部で志願兵となり、英国に派遣されていた。真珠湾攻撃時には、英国南部の海岸をパトロール中だった。すぐに拘束され、厳しい尋問を三日間受けたあと、SOAS近くのホテルで待機を命ぜられ、三週間後にマレーとビルマで傍受された日本軍の通信の翻訳をさせられた。その後、SOASで行われていた短期の通信傍受クラスで、傍受された日本語による通信の音声をそのままローマ字で書き取る要員を訓練するように命ぜられた。そして一九四二年七月、SOAS日本語プログラムで、主に日本語の会話を教える任務についた。

四人のうちのひとりは前述のエイイチ・マツヤマ（戦前は帝国ホテルに勤務）である。年長のジツエイ・ツボイは第一次世界大戦でも志願兵となった人物で、年令を偽って、再び従軍していた。あとの二人はブリティッシュ・コロンビア州出身のフミカズ・ヤマモトとピーター・ショウジ・ヤマウチだった。終戦後の一九四六年、四人はカナダ軍に戻り、英国やカナダで除隊となった。ヤマウチは英国に残り、BBCに勤務した。

†現場で通用したのか

短期コースも含めSOASの戦時日本語プログラムを受講した訓練生の数は、五年間で合計六四八人だった。主に日系二世語学兵を対象とした米国陸軍情報部語学学校（MISLS）の卒業生約六〇〇〇人とは比べものにならないが、大学と提携し、学業優秀な白人にほとんどゼロから日本語を教えた米海軍日本語学校の卒業生は約六〇〇〇人であり、訓練生のプロフィール、プログラムの仕組み、卒業生数の点でSOASとの類似性が見られる。

SOAS戦時日本語プログラムの卒業生のほとんどは英国内で諜報将校になるための訓練を三週間受けたあと、インドに送られた。到着すると、カラチの英陸軍情報部学校で日本軍に関する基礎知識を学び、その後、デリーにあった軍統合詳細尋問センター（Combined Services Detailed Interrogation Centre, CSDIC）や東南アジア翻訳尋問センター（SEATIC）に配属された。SEATICは連合軍の組織で、主に米人将校が指揮をとる中、日系二世、カナダ人、中国人、インド人に混じって、少数ながらもSOAS出身の英人語学将校が翻訳や尋問に携わった。

特に、一九四四年の日本軍インパール作戦における英軍・インド軍の反撃では、SOAS出身者も関わった翻訳、通信傍受、捕虜の尋問で収集された情報が重要な役割を果たしたとされている。この戦闘中に捕獲された大量の文書や日本人捕虜に対応するために、CSDICから翻訳官と尋問官の機動班が英軍部隊に派遣されたが、彼らだけでは十分に対応できず、米軍から日系二世語学兵が帯同した。

ＳＯＡＳ日本語プログラムを卒業した諜報将校は、終戦後も日本兵や民間の日本人が残る東南アジア各地、さらに、連合軍が占領する日本で任務を果たした。中には、英軍による戦犯裁判に関わった者もいる。

たとえば、一九四五―四六年シンガポールで行われた裁判の記録に、ＳＯＡＳ戦時日本語プログラムへの言及がある。これは、インド洋上のカーニコバル島で住民がスパイ容疑で日本軍に殺害された事件に関する裁判で、『きけ わだつみのこえ』に遺稿が載せられたことで有名な木村久夫も被告人の一人だった。

この裁判の中で、弁護人が日本人被告の裁判前尋問における通訳の質を非難し、担当した通訳官の尋問をしている。弁護人が「どこで日本語を学んだのか」「辞書は使ったのか」「卒業試験はあったのか」などと責め立てるのだ。その通訳官はＳＯＡＳ出身者であることが答弁の中でわかる。さらに、弁護人は即席で日本語の語彙力を試すような尋問を矢継ぎ早に行う。裁判記録を見る限り、このＳＯＡＳ出身者の日本語能力は高くなかったことがわかる。

ちなみに、筆者が調べた限りの裁判記録（戦時通訳者が被告人となった四二件の英軍裁判）では、ＳＯＡＳ出身と思われる英国人が通訳を務めるのは裁判前の尋問時だけで、実際の裁判における法廷通訳を務めることはなかった。

上記裁判を含む多くのＢＣ級戦犯裁判において法廷通訳を務めたのは、日本人および地元住民だった。アジア各地で行われたＢＣ級裁判における通訳の質について日本政府は大きな懸念を持っており、連合軍最高司令官総司令部（ＳＣＡＰ）に対し日本人通訳者の派遣を認めるよう交渉していた。

結果として、一九四六年五月から日本人通訳者がアジア各地の戦犯裁判に派遣されることになったが、英軍はそうした日本人通訳者に対し、極めて厳しい英語の試験を受けさせたのだった。

3 ベッドフォードの暗号解読訓練プログラム

†政府暗号学校「ＧＣ＆ＣＳ」

英海軍は一九一四年、第一次世界大戦の開戦直後に暗号解読班を設置し、ドイツ軍の作戦などに関する通信傍受と解読を行っていた。英陸軍にも同様の機関があり、一九一九年、これら二つの機関が統合されて、政府暗号学校（Government Code and Cypher School, GC&CS）という名の暗号解読機関が誕生した。

その中には外交班があり、日本駐在の経験がある元外交官のE・M・ホバート゠ハムデンとハロルド・パーレットが日本を担当した。ホバート゠ハムデンは一八八九年英国公使館に通訳生として派遣され、三〇年におよぶ日本駐在の間に公使館日本語書記官まで昇進し、アーネスト・サトウらと英和辞書も編纂していた。また、パーレットもホバート゠ハムデンと同時期に通訳生として来日し、最終的には駐日英国大使館の領事官になった人物で、日本文学の研究者として、また米国から取り寄せたカワマスを中禅寺湖に放流したことで知られている。その後、元陸軍語学将校でのちにジャーナリストして日本に長く滞在したマルコム・ケネディーなど、四人が日本外交の担当に加わった。

一九三九年、第二次世界大戦が勃発する直前に、GC&CSはロンドン北西に位置するブレッチリーパークに移転した。ナチスドイツの暗号エニグマを解読したことで有名になった秘密施設だが、そこでは日本語の暗号解読も行われていた。駐独大使の大島浩が東京に送ったヨーロッパの戦況に関する暗号電報の数々もGC&CSの日本外交担当官によって解読されたという。

しかし、GC&CSの軍事班や海軍班では日本語担当官が手薄で、一九四一年一二月真珠湾攻撃が起こると、軍事班の主任だったジョン・ティルトマン准将は、日本語要員の増強が火急の任務だと認識した。ティルトマンは暗号解読の専門家で、六か月日本語を独学したあと、日本海軍の暗号JN25を初めて解読したとされる人物だ。

ティルトマンは、日本軍通信の暗号解読および翻訳に必要とされる日本語要員が圧倒的に不足しており、長期の訓練期間を要する日本語プログラムでは迅速な要員配備ができないことを懸念していた。そこで、陸海空軍および外務省の各機関で日本語の暗号解読と翻訳に携わる専門家を養成する目的で、六か月という短期集中の日本語訓練プログラムを立ち上げる準備が始まった。

†ベッドフォード日本語学校のはじまり

英陸海空軍および外務省の各機関で暗号解読を担当する要員をまとめて養成する軍統合特別諜報学校（Inter-Service Special Intelligence School, ISSIS）の設置は一九四〇年末に承認され、翌年からドイツ語とイタリア語を対象とした授業が展開されていた。同校における日本語プログラムが始まったのは日英開戦後のことで、SOASよりも一足早いスタートを切った。

一九四一年末、GC&CSのティルトマンはまず、退役海軍司令官のオズワルド・タックを主任教師として雇った。

タックは、一九〇一年から一九〇七年にかけて、英海軍艦隊の天文学と航海術の講師として中国やシンガポールに赴任し、その間、日本への旅行や日本人の使用人を通して日本語を独習し、通訳官の試験に合格していた。一九〇八年には東京の英国大使館駐在武官補佐に任命され、日露戦争の記録など多くの文書を翻訳した。一九〇九年に帰国したが、海軍内で日本語の文献や資料を翻訳し続け、第一次世界大戦では諜報部門で働いた。一九三七年にいったん退役したものの、一九三九年から情報省で日本語関係の新聞検閲官として働いていたところ、一九四一年一二月、海軍大佐として日本語を教えるという新たな任務を与えられたのだった。

ティルトマンは同時に、ケンブリッジ大学セント・ジョンズ・カレッジのチャールズワース学長とオックスフォード大学ベリオール・カレッジのリンゼイ・マスター博士を訪ね、日本語訓練生の候補者として西洋古典学（古代ギリシャ語やラテン語の文献を扱う学問）専攻の現役学生や若い軍人を四〇人紹介してもらった。西洋古典学を専攻する若者が未知の言語である日本語の訓練生として最適だと判断したこともあるが、理工系や現代語といった分野と異なり、知識がすぐに戦争に役立つわけではない西洋古典学の学生はいまだ戦争に動員されていなかったという背景もある。

候補者たちは、一九四二年一月、ティルトマンとタックによる面接を受け、男性二二人（うち軍人が四人）、女性一人が合格した。日本語の知識が多少ある三人を除けば、全員がオックスフォードまたはケンブリッジで西洋古典学を学んだ者たちだった。一期生の軍人の中には、戦後、エベレスト登山で有名になるウィルフリッド・ノイス中尉もいた。

一九四二年二月、ISSISベッドフォード校が開校した。ロンドン郊外のベッドフォードにあるガス会社のショールームが教室として使われ、そこで六か月の日本語集中訓練が始まったのだった。その後、若い学生だけでなく、各軍組織から送られた多くの兵士が訓練を受けた。海軍からは計五〇人以上が派遣されていた。一九四五年一一月に閉鎖されるまでに、合計一一グループ、二二四人が卒業した。入学基準が厳しかったため、落第したのはわずか九人だった。

†暗号解読に特化した授業内容

ティルトマンは日本語通訳官たちから日本語の習得には三年かかると忠告されていたが、目の前に翻訳すべき通信が山のように溜まった状況では三年も待つ余裕などなく、六か月の速習プログラムという考えを押し通した。それに応えてタックは、独自の方法で授業を行った。

ベッドフォード校における訓練の目的は、日本語の暗号を解読し、英語に翻訳または要約する要員を養成することだった。したがって、訓練生は日本の文学、歴史、文化について学ぶことはなく、日本語の作文や会話もいっさい練習しなかった。日本語の新聞や暗号通信が理解できさえすればよく、空対地の口頭による通信を通訳することなどは期待されていなかったのだ。

これほど短期間で日本語を速習するプログラムはそれまで存在しなかったので、一期生の授業は試行錯誤の連続だった。タックはまず自分の手元にあった教材を使って、日本語の文字と文法を教え始めた。日本語の文では主語が省かれることがあり、単数・複数形や時制で細かい規則がないことをタックが教えると、西洋古典学を学んできた訓練生は戸惑いを見せることもあったという。

手元にある教材としてすぐに使えたのは、日本政府のお雇い外国人として海軍兵学校や東京帝大で英語を教えたバジル・ホール・チェンバレンによる日本語の文法書と、SOASの教師だったアイズモンガーが著した日本語の書き方の教科書だった。また、海軍省のお雇い外国人でのちにジャーナリストとして日本に長年住んだフランシス・ブリンクリーが日本人との共著で一八九六年に刊行した和英大辞典、三省堂辞典なども使われた。

しかし、これらの教材では軍事用語が扱われなかったので、あまり役に立たず、やがて、実際の新聞記事やラジオ放送の書き起こしといった現実的な教材も用いられるようになった。

訓練生はカナと漢字一二〇〇字を学び、戦争に関連する文書の翻訳をするのに必要な語彙だけに集中して勉強した。そして、戦況に関する日本政府の声明文や報道発表、外交電信など実際の文書を翻訳する練習を徹底的に繰り返すことで、極めて限定された範囲の文書に集中した訓練が行われた。また、タックは初期の優秀な卒業生を助手として雇い、訓練生の増加や教材の整備に対応した。

†驚異的な進歩

　ベッドフォードの授業は平日の九時半から一七時までと土曜日の午前中に行われた。六か月という短い訓練できちんと機能できる日本語要員が養成できるのかについては、当初GC&CS内でも懐疑的な見方があった。しかし、一九四二年二月に開講して四か月も経たない同年五月に、訓練生たちが予想をはるかに上回る進歩をしていることが報告されると、月末には最優秀の学生二人が試験的に外務省の機関に派遣されることになった。彼らはまずまずの仕事ができたという。

　六月には、これ以上ベッドフォードで訓練を続けるより、すぐにでも現場に送り経験を積んだ方がよいと判断されるほど、訓練生たちの日本語力は向上していた。したがって、当初の予定だった六か月という訓練を完了することなく、ほとんどの訓練生が六月末には訓練を終了し、ブレッチリーに送られることになった。わずか五か月弱の集中訓練で、暗号解読に取り組み始めたということだ。

　ベッドフォードでの成功に続き、同様の新たなプログラムで日本語の翻訳官が養成できるかを話し合うために、一九四二年七月、SOASで会議が開かれた。戦争省、空軍諜報部、SOASの代表らが集まったこの会議に、タックはベッドフォードの卒業生二人を同伴した。この二人に予告なしで同盟通信の記事を一ページ英訳させるという試験をすると、好成績を収めただけでなく、二ページ目は目で読みながら口頭で訳すことを披露し、出席者を驚かせた。

当初、速習プログラムの効果を疑っていたSOASも、ベッドフォードの実績に関心を寄せ、訓練方法について情報交換をしたり、卒業生を教師として雇用したりして、ベッドフォードと協力関係を保つようになった。ベッドフォードの評判はすぐに広まり、米国からも教材やカリキュラムの内容などの情報提供を求める連絡があったという。

†ブレッチリーからデリーへ

四か月から六か月の日本語集中訓練を終えたベッドフォードの卒業生たちは、まず、暗号解読の研修を数週間受けた。その後、英外務省やオーストラリア・メルボルンの南西太平洋方面司令部中央局（Central Bureau）に送られる者もいたが、ほとんどはブレッチリーパーク内の海軍班、空軍班、また、ティルトマンが新たに設けた駐在武官班といったさまざまな部署に配属され、暗号解読と翻訳に従事した。当時は、ビルマ戦線で傍受された通信が大量に送られ、その解読と翻訳を通して、日本軍の泰緬鉄道建設計画やインパール作戦などの情報が収集された。

また、ブレッチリーパークでの任務のあと、GC&CS分遣班のあったシンガポール、コロンボ（セイロン）、デリー、キリンディニ（ケニヤ）などに派遣される者もいた。たとえば、第五期生だったアラン・ストリップはまずブレッチリーパーク内の日本陸軍航空部隊班で、主にビルマ戦線の情報に関する暗号の解読と翻訳に取り組んだ。そして六か月後、デリーの無線実験センターに送られ、引き続きビルマの日本軍による通信の解読に携わった。ストリップはベッドフォードでの経験を振り返り、「ケンブリッジ大学で西洋古典学を学んでいたが、ベッドフォード入学の際、語学の才能よりも、クロスワードパズルが得意だとか、オーケストラの楽譜を読めるといった点に面接官が興味を示した」と述べている。

太平洋戦争の終結後、ストリップは北西辺境地域のラワルピンディー（現パキスタン）に送られ、ペルシャ語を速習してアゼルバイジャンをめぐるソ連とイランの対立に関する無線通信のモニターなどに従事したという。一九四六年除隊して、ケンブリッジ大学に復学すると、専攻を西洋古典学から、日本語、中国語、極東史に変えた。

ベッドフォードの卒業生たちは優秀で、世界中のどこに配属されようと、歓迎されたようである。一九四五年七月にオーストラリアから「ベッドフォードで訓練を受けた翻訳者たちはもっとも高く評価されているので、できるだけ多くの卒業生を受け入れたい」との電信が届いた記録が残っている（HW 50/78, BNA)。

†その他の日本語速習プログラム

繰り返しになるが、太平洋戦争中の英軍による対日諜報活動において、日本語の翻訳や通訳ができる要員は常に不足していた。ＳＯＡＳとベッドフォードでの日本語速習プログラムだけでは必要とされる要員が確保できないとして、他にも対日諜報における特定目的のための短期日本語プログラムがいくつか運営された。

一九四三年から四四年にかけて、ＧＣ＆ＣＳ海軍班はブレッチリーパーク内で訓練生を集めて、日本海軍の通信を理解できる要員を養成しようとした。教鞭をとったのは、駐日英国領事館の職員だったフランク・ロイドで、訓練期間は六か月だった。一九四三年九月イタリアが降伏すると、ブリッチリーパークのイタリア語担当者たちは日本語担当へと移動させられ、ロイドによる日本語訓練を受けることになった。

ＧＣ＆ＣＳ航空諜報班の主任だったジョシュ・クーパーは日本軍パイロット同士の交信やパイロットと地上との交信を聞き取れる通訳者を養成するために、一一週間の短期速習プログラムを作った。日本語の専門家ではなく、音声学の専門家が授業を担当し、日本語が録音されたレコードを訓練生に四六時中聞かせるという手法がとられた。これがどれほど効果的だったかは不明である。

また、インド北部のシムラーに設置された英陸軍情報学校の中でも、日本語プログラムが運営されていた（のちにカラチに移転）。歴史学者でロンドン・スクール・オブ・エコノミクス名誉教授のイアン・ニッシュは、一七歳で陸軍に入隊するとインドに送られ、シムラーとカラチで日本語の特訓を受けた。その後、ＳＥＡＴＩＣ、さらに占領期の日本で任務に就き、除隊後はＳＯＡＳ、エジンバラ大学などで学び、日本専門家として長いキャリアを築いた。

第三章

頓挫した豪軍の日本語通訳官養成計画

1 戦前の取り組み

†習得には時間がかかる

一九〇一年連邦国家となったオーストラリアでは、軍隊の再編が行われ、一九一一年には陸軍士官学校が誕生した。そのカリキュラムの一環として日本語の授業が始まったのは一九一七年のことである。

豪国防省は、日露戦争に勝利した日本の存在感を意識すると同時に、経済面での日豪関係の発展を見込んで、スコットランド出身のジェームズ・マードックを日本語教師として招聘し、士官学校とシドニー大学の両校で教鞭をとらせることにした。

マードックは、大学を卒業するとオーストラリアと日本で教師となり、ジャーナリストとしても活躍した。日本には計二八年間暮らし、東京帝国大学などで教壇に立ち、夏目漱石は教え子の一人だった。英語で書かれた初めての包括的な日本史である著作（三巻）を刊行したことで知られている。

マードックの引退後は、弟子たちが士官学校とシドニー大学での仕事をそれぞれ引き継いだ。しかし、「日本語は文化的価値がほとんどなく、また、生涯をかけて学ぶような言語であり、日本に留学して学習を継続しなければ、学習に費やした時間は無駄である」との判断で、一九三八年には士官学校における日本語クラスは閉鎖された。一方、シドニー大学では日本語クラスが継続され、少人数だが日本語学習者は存在した。

海軍士官学校も一九一三年に創設され、一九一六年頃から日本語のクラスを導入することが検討され始めた。日本語を学ぶことの重要さを関係者たちは認識していたが、東京の英国大使館駐在海軍武官に助言を求めると、「日本語の読み書きや会話ができるようになるには最低三年日本で勉強する必要があり、士官学校で一週間に二—三回の授業を受けても意味のある成果は出ない」という返事だった。結局、海軍士官学校では日本語クラスは提供されないことになった。

それでも、日本語に対する興味から日本語を独学で、あるいは日本人から個人的に指導を受けて学ぼうとする軍人はいた。その中には、高レベルの日本語専門家として活躍した者もいる。また、一九三七年に日中戦争が始まると、士官学校の語学科目の一つとしてではなく、豪軍内で日本語要員を本格的に養成することが検討され始めた。

†独学で暗号解読専門家に

士官学校に行かなくとも、日本語に興味を持ち、個人教師を見つけるなどして日本語を学んだ軍人がいた。

一九一七年豪海軍に事務職で入隊したエリック・ネイブは高校で日本語を教えていた日本人教師から個人授業を受け始めた。日本語能力の高さが認められ、ネイブは一九二一年から語学将校候補として二年間日本に留学することになった。留学終了の際、英国大使館の通訳官による試験を受け、高得点で合格した。

一九二五年、ネイブは香港の英海軍に配属されることになった。当初は通訳官を務めるはずだったが、日本軍通信の暗号解読を命じられた。初めての経験だったが、二か月もしないうちに日本海軍の通信規則、中継要領、指揮命令系統まで把握し、暗号解読に成功した。一九二七年、ネイブは英国本国の暗号解読学校（GC&CS）に派遣され、日本海軍班の主任となった。そこで日本の海軍武官による通信が解読されていたので、一九三〇年ロンドン海軍軍縮会議における日本側の考えや、日本海軍の対米作戦などは英軍側に筒抜け状態だったという。

数年後、ネイブは英国海軍の正式な一員となり、香港、のちにシンガポールの極東総局(Far East Combined Bureau, FECB)で暗号解読の専門家として活躍した。一九四〇年、健康上の理由で、ネイブはオーストラリアに帰国した。

†国防委員会の日本語通訳官養成計画

士官学校の語学科目の一部として日本語を教えるのではなく、日本語の専門家を本格的に養成することを豪軍が検討し始めたのは一九三八年のことだった。

その背景として、まず一九三七年にオーストラリア北部の近海で、日本の真珠採取船が領海侵犯の疑いで豪監視船に拿捕され、ポート・ダーウィンに連行された事件があった。日本側はオーストラリア政府に対し、船の返還や損害賠償を求める訴訟を起こした。その裁判においてオーストラリア側の日本語通訳者が見つからず問題になったのだった。これによって、政府関係者は、オーストラリアにおける日本語通訳者・翻訳者の絶対的不足を懸念するようになった。

また、一九三七年に始まった日中戦争で日本軍の勢力範囲が広がり、英米との緊張が高まる中、豪軍も日本との開戦の可能性に備え、日本語要員を確保すべきだとの認識が生まれた。

国防省は、識者や日本語学習の経験者から日本語は最も難しい言語の一つであり、習得するには二―三年日本に滞在する必要があるといった助言を受け、一九三八年九月、軍人を対象とした日本語研修および緊急時の日本語通訳者に関する方針を正式に検討し始めた。その後、一九三九年二月、軍事調査委員会が日本語通訳者の養成計画の草案を提出した。以下はその要約である。

(a) オーストラリア各地の大学で東洋学の授業を展開するために補助金を拠出する。
(b) 一等通訳官（first class interpreter）候補の海軍将校（主計官）と英連邦公務員の中から人数を絞ってオーストラリアと日本で訓練を受けさせる。
(c) 海軍、陸軍、空軍の非常勤将校に日本語の勉強を促す。その人数は年間七五人までとする。
(d) (a)と(c)はできるだけ早く実施する。(b)は実施の初期段階に着手する。日本語は専門家が一生かけて学ぶような言語なので、まず準備クラスを受けた後、三年間日本に留学する必要がある。日本語能力を維持するために、継続的な実践が必要であり、定期的に日本に派遣されるべきである。(NAA: A5799, 5/1940)

この草案を受けて、一九三九年三月、国防委員会は小委員会を設置して、日本語通訳官養成プログラムの詳細をまとめ、報告させることにした。

求められる能力とは

同小委員会は、まず各州の公務員の中で、日本語能力のある者および日本語を学習中の者について調査した。その結果、該当者が女性二人を含む六人にすぎず、いずれもオーストラリア内の大学で日本語の授業を受講中であることがわかった。

一九四〇年一月、同小委員会は最終報告書案を国防委員会に提出した。以下はその報告書案と下敷きになった資料の概要である。

日本語について

・日本語は極めて難しく、専門家が一生かけて学び続けるような言語である。訓練生はまず、本国で日本語の初期訓練を受けた上で、日本に三年間留学すべきである。
・陸軍士官学校に日本語のクラスがあったが、日本に留学して継続的に勉強しなければ無駄になるということで、一九三八年に廃止された。
・現在、オーストラリア国内で日本語の知識があるとされる者は五〇人で、草書で書かれた日本語を読める者は四人。そのうち一人はシドニー大学で日本語を教える教授で、もう一人は日本人との混血でダーウィンの日本人コミュニティに頻繁に出入りしているので信用の問題がある。したがって、緊急時に軍が一等通訳官として採用できそうな者はわずか二人である。
・これは平時の諜報活動においては「恥ずかしい」状況であり、日本と開戦すれば「極めて深刻な」局面を迎えることになる。英連邦の一員として、アジア地域におけるオーストラリアの任務を考えるべきである。

日本語通訳者の分類
・一級通訳官——会話力、日本語への通訳、日本語会話の英語でのメモ取り、日英翻訳などの試験で八〇%以上の点数を得た者

・二等通訳官――上記の試験で六〇%以上八〇%未満の点数を得た者
・三等通訳官――まあまあの流暢さで日本語を話せる者

戦争時に必要とされる通訳官数
・海軍――一級通訳官九人
・陸軍――一級通訳官一七人、二等通訳官二三人
・空軍――一級通訳官六人、二等通訳官六人
合計　六一人（一級通訳官三二人、二等通訳官二九人）
（現在、日本語の一等通訳官はどの軍組織にも存在しない）

†誰を、どこで、どう訓練するか

訓練対象者
・連邦あるいは州の常勤公務員のみを訓練対象とすべきである。一等または二等通訳官候補者はまず初期的な日本語学習を終えたあと、三年間の日本留学をすべきである。
・海軍将校の任務範囲の関係で、日本語訓練を受けられる将校の数は限られている。空軍

も極めて特殊な日本語訓練のために四年間通常の任務から将校を外すことは問題である。陸軍では通常通訳官は諜報部門に所属する。スタッフに日本語訓練を受けさせるのは不適切である。

・連邦および州職員の日本語訓練を担保するために、日本語教員の訓練も必要である。

・豪軍人の留学生数を日本政府が制約するあるいは互恵性を要求するかもしれない。しかし、民間人に対する制約はない。日本留学が難しい場合は、中国、台湾、香港、ホノルルなどの日本語コミュニティに派遣する。

留学生の数

・日本――毎年九人の留学生を派遣する。本プログラムにおける日本在住者の数は常時二七人となる。

・その他の留学先――四年ごとに二〇人派遣する。

一九四〇年一月にこの計画の実施が始まると、一九四四年には二九人、それ以降は毎年九人ずつ通訳官が誕生すると目論まれる。最終的には一二―一五年がかりの計画である。

大学での初期訓練

・本プログラムの初期訓練として大学での日本語クラスを利用することができる。

・しかし、大学における日本語の授業のレベルは一般に低く、日本語の学位が取得できるのはシドニー大学だけである。

・大学での日本語専攻を奨励するために、日本語クラスを受講する学生の成績に特別な配慮をすべきである。

・大学に助成金を提供して、日本語の学習を奨励し、三等通訳官程度にはなれそうな学生を訓練すべきである。

・大学生および日本語教師を留学させる奨学金を設けるべきである。

訓練の詳細

・一等および二等通訳官の養成においては、大学で六か月の徹底的な初期訓練を行った後、日本または日本語使用地域に三年間留学させる。帰国後、通訳官の資格を得たあとでも、定期的に試験を受けさせる。日本の新聞や雑誌を読み続け、日豪関係団体にも関わることを求める。また、六年おきに最低六か月日本または中国、台湾、香港、ホノルルなど日本語使用地域での任務を与え、日本語の維持に努めさせる。

・三等通訳官は大学で少なくとも五年間日本語を勉強した後、資格を得る。その過程で定期的に試験を受ける。(NAA: A5799, 5/1940)

このように一年以上かけて詳細に練り上げた日本語通訳官養成計画だったが、その報告書案が提出された一九四〇年一月にはすでにヨーロッパで戦争が進行中であり、戦争状況下での最終版作成は見送られることになった。

†外国人志願兵、非白人採用の是非

日本語通訳官養成計画の最終化が見送られることになってまもなく、一九四〇年二月に行われた国防委員会の会議では、外国人の志願兵、また非ヨーロッパ系の英国臣民の入隊に関して検討された。この点は、後述するアメリカ人・カナダ人日系二世に対する豪軍の態度とも関係するので、簡単に触れておく。

この会議中、英軍とニュージーランド軍ではすでに外国人や非ヨーロッパ系英国臣民の入隊が許されていることなども指摘されたが、結論としては、以下のような方針をとることが決定された。

豪軍に外国人や非ヨーロッパ系英国臣民を入隊させることは原則的には望ましくないが、戦争中の特別な必要性に応えるためであれば、この原則から離れることは正当化される。豪陸軍・海軍では、外国人や非ヨーロッパ系英国臣民の入隊は不必要であり、望ましいことではない。豪空軍は、英軍の全体的な航空計画のためにかなりの動員が必要なので、戦争中は空軍の裁量で外国人や非ヨーロッパ系英国臣民の入隊を許すべきである。(NAA: A5799, 5/1940)

陸軍の否定的な態度は、過去の戦時に米国人やフランス人が豪軍に入隊し、終戦後にオーストラリアにとどまり母国に戻ろうとしなかったという問題と関係している。また、陸軍は、通常の豪軍兵士には「ある種の外国人」とはうまく行動をともにできない者がいることも反対の理由にあげた。

ちなみに、この会議中には、戦時における敵国の通信傍受と暗号解読を行う組織をオーストラリアに設置すべきだとの議論も行われた。まずは、英国のGC&CSに情報の提供と助言を求めることが決定された。

2 検閲局と空軍での日本語プログラム

†豪陸軍検閲学校の日本語クラス

豪軍国防委員会が一九三八年から四〇年にかけて詳細に検討した長期的な日本語通訳官養成プログラムは、ヨーロッパでの第二次世界大戦の勃発によって、実施の日を見ることはなかった。しかし、日本との開戦の可能性が高まる中、豪軍は早急に日本語言語官を養成する必要を強く認識するようになった。

こうして、一九四〇年にメルボルンの陸軍検閲学校で軍事諜報目的の日本語クラスが開設された。一九四一年に太平洋戦争が開戦し、その後連合軍の攻勢によって日本軍の捕獲文書や日本人捕虜が急増すると、それに対応するために連合軍は日本語言語官の動員にさらに力を入れるようになる。

その中で、豪軍はカナダ政府に対し、日系カナダ人二世の派遣を交渉し始めた。また、一九四四年には空軍に豪軍初の本格的な日本語学校が設置され、日本語言語官の訓練が始まった。

†検閲局に来た白系ロシア人

メルボルンには、第一次世界大戦中に設置された検閲局があった。この検閲局は陸軍によって運営され、英国の諜報機関と密接に連携をとりながら、民間人、特に外国人の監視、スパイ防止、戦争報道の検閲、プロパガンダなどに携わっていた。当時は、主にヨーロッパ言語に対応していたが、日本との開戦を予想し、すぐにでも日本語要員を動員、また養成する必要が認識されていた。

日本語を理解し、教えられる人材の圧倒的不足という問題に直面していたところ、救いの主が現れた。日本からシドニー港に到着した白系ロシア人のジョン・シェルトンである。

豪政府の移民記録および従軍記録によると、シェルトンは一九一三年イワン・シャルフエーエフとして、ウラジオストクに生まれた。父親は帝政ロシア軍の士官、母親はスウェーデン人だった。父が東京のロシア大使館駐在武官になったため、東京に移住。ロシア革

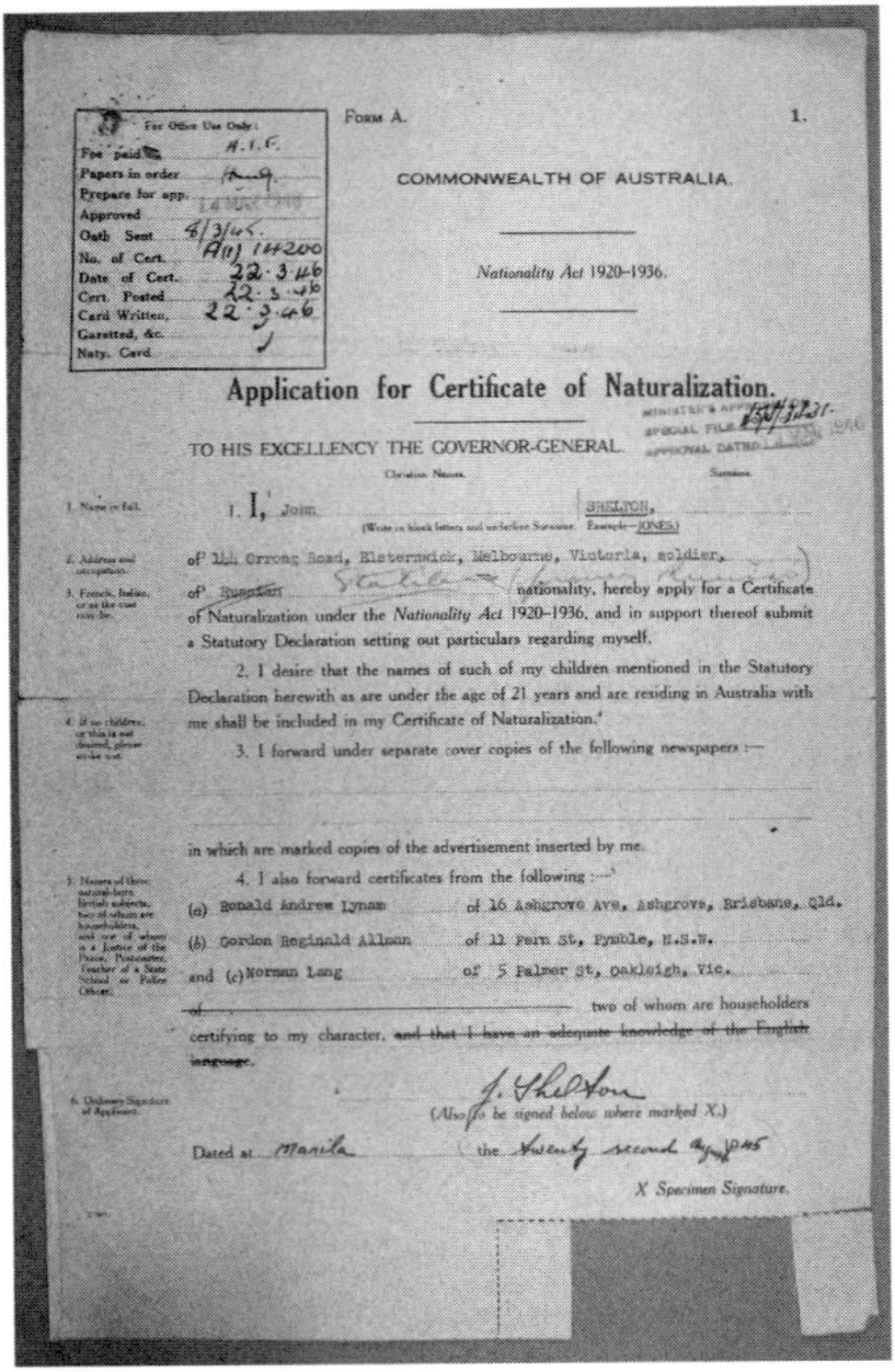

For Office Use Only:
Fee paid A.I.F.
Papers in order
Prepare for app.
Approved
Oath Sent 4/3/46
No. of Cert. A(1) 144200
Date of Cert. 22.3.46
Cert. Posted 22.3.46
Card Written 22.3.46
Gazetted, &c.
Naty. Card

FORM A. 1.

COMMONWEALTH OF AUSTRALIA.

Nationality Act 1920–1936.

Application for Certificate of Naturalization.

TO HIS EXCELLENCY THE GOVERNOR-GENERAL.

1. I, John SHELTON,
(Write in block letters and underline Surname. Example—JONES.)
of 114 Orrong Road, Elsternwick, Melbourne, Victoria, soldier,
of ~~Russian~~ Stateless (Former Russian) nationality, hereby apply for a Certificate of Naturalization under the Nationality Act 1920–1936, and in support thereof submit a Statutory Declaration setting out particulars regarding myself.

2. I desire that the names of such of my children mentioned in the Statutory Declaration herewith as are under the age of 21 years and are residing in Australia with me shall be included in my Certificate of Naturalization.

3. I forward under separate cover copies of the following newspapers :—

in which are marked copies of the advertisement inserted by me.

4. I also forward certificates from the following :—
(a) Ronald Andrew Lynam of 16 Ashgrove Ave, Ashgrove, Brisbane, Qld.
(b) Gordon Reginald Allman of 11 Fern St, Pymble, N.S.W.
and (c) Norman Lang of 5 Palmer St, Oakleigh, Vic.
two of whom are householders certifying to my character, ~~and that I have an adequate knowledge of the English language~~.

J. Shelton
(Also to be signed below where marked X.)

Dated at Manila the twenty second Aug 1945

X Specimen Signature.

ジョン・シェルトンの帰化申請書。「Russian」が二重線で消され、「Stateless（Former Russian)」〈無国籍（旧ロシア)〉とある

命後、父親はロシアに戻らず、一家は東京で暮らした。シェルトンは横浜のセント・ジョセフ・インターナショナル・カレッジを卒業後、早稲田大学で学んだという。横浜で貿易会社に勤務していたが、日本の軍国主義が拡大し、多数の在日外国人がスパ

イ容疑で憲兵隊に逮捕される中、一九四〇年に知り合いを頼ってオーストラリアに移住した。貿易業を続けるつもりだったが、シドニー港に到着した時には豪軍の諜報関係者が待ち構えており、直ちにメルボルンの検閲局内で日本語担当官として働き始めるよう要請されたのだった。また、同局内に日本語プログラムを立ち上げる任務も与えられた。

一九四〇年八月、検閲局内で日本語の授業が始まった。教師はシェルトンのみ、訓練生は二人という慎ましいスタートだったが、一九四一年初めまでには新たに四人の訓練生が加わった。

シェルトンは日本語を教えた経験がなかったので、しっかりとしたシラバスに基づく授業が行われたわけではなかった。毎朝八時半から日本の学校で使われている『国語読本』を読み上げる授業が行われ、午後は同じ教科書を使って自習をするというスケジュールだった。シェルトンの評価基準は厳しかったので、落伍する訓練生もいたという。

†検閲局の日本語教師陣

一九四一年、シェルトンと同様、日本で育ち教育を受けたジョージ・グレゴリーが日本からの引揚船に乗ってオーストラリアに到着した。英国政府が在日英国人に出した引揚勧告に従っての行動だった。

グレゴリーは父親がスコットランド人、母親が日本人で、日本語だけでなくフランス語も流暢だった。シェルトンとともに検閲局で日本語を教え始めたが、まもなく、ラジオ・オーストラリアの日本語担当として働くようになった。検閲局の教師陣は訓練生が午後に自習している間、検閲の仕事をした。シェルトンは一週間に四回、夜間にわたって日本の短波放送のモニターをした。

また、一九四二年初め、ドロシー・セルウッドが教師陣に加わった。一九四一年九月セルウッドは夫と二人の娘とともに、英国政府が準備した日本からの最後の引揚船でオーストラリアに向かった。しかし、乗客定員五〇人の船に約三〇〇人が乗船し、悪天候も重なって、厳しい船旅となり、香港、シンガポールと寄港しながら、シドニーに到着し、そこからメルボルンに移動できたのは一一月のことだった。

日本との開戦で、豪軍内における日本語言語官の絶対的不足に対する懸念はさらに高まり、検閲局の日本語プログラムに対しても、多数の日本語言語官を迅速に養成するよう圧力がかけられた。さらに、フィリピンから脱出してきたマッカーサー大将が、一九四二年四月にメルボルンで南西太平洋方面司令部付きの中央局（Central Bureau）を設置し、米軍と豪軍が合同で日本軍通信の暗号解読と翻訳に注力しだすと、即戦力となる日本語言語官の増強は必至となった。

結果、シェルトンは陸軍に入隊し、対日諜報戦に直接関わるようになった。シェルトンが去った後、検閲局日本語プログラムではセルウッドが主任教師を務めた。

検閲局の日本語プログラムは豪軍が日本語要員を組織的に養成しようとした最初の試みだった。しかし、適当な教師および訓練生がなかなか集まらず、米軍や英軍の日本語プログラムとは対照的に、目立った成果を上げることはできなかった。一九四五年八月、終戦とともに検閲局日本語プログラムは閉鎖され、セルウッドと在学中の訓練生は一九四四年七月に設置された豪空軍日本語学校に移動することになった。

†豪空軍の日本語学校「RAAFLS」

オーストラリアに設置された中央局や連合軍翻訳通訳部（ATIS）などの諜報機関では、大量の翻訳作業や暗号解読が行われていたが、そのほとんどを担ったのは米軍の二世語学兵や語学将校で、豪軍からの日本語言語官は少なかった。日系アメリカ人二世の活躍を目の当たりにした豪軍は一九四四年、同じ英連邦国であるカナダに対し、日系カナダ人二世を「借りる」ための交渉を始めた（詳細は第四章を参照）。

こうした中、豪空軍内で、日本語の翻訳官と通訳官を養成する本格的プログラムを創設することが検討された。

一九四四年、空軍司令部は空軍本部に対し、南西太平洋方面では今後三年間で四〇〇人の日本語言語官が必要となるので、日本語学校を立ち上げるべきだと提案した。本部はシドニー大学のアーサー・サドラー教授に助言を求め、教授は一八か月のプログラム案を示した。これに対し司令部側は、大学の日本語プログラムはあまりに学術的で、実践には役立たないと反発した。ＡＴＩＳ関係者による委員会が作られ、一年間の集中訓練後にＡＴＩＳで三か月間の上級コースを受ける、また、何があっても大学関係者の指図は受けないという提案が出された。

最終的に空軍本部は、シドニーに豪空軍語学学校（Royal Australian Air Force Language School, RAAFLS）を設置することに同意した。教室としては、日中はシドニー大学の施設、放課後の勉強や講義はクージーベイ・ホテルを使うことになった。こうして、一九四四年七月、豪軍による最初の本格的な日本語言語官養成プログラムが開校したのだった。

†MISLSからの助言

空軍の日本語学校の主任教師となったのは、マックス・ウィアドロスキ中尉だった。ウィアドロスキは日本語を独学した後、空軍に入隊した。ATISで訓練を受けたこともあった。日本留学の経験はなく、日本語能力は高くなかったと思われるが、ATISで米海軍日本語学校のことを聞き、それを参考に授業を行ったという。その他、シドニー大学のサドラー教授が派遣した助手二人が教師陣に加わった。

空軍から四六人が一期生として入学したが、最初の試験で一四人が落第し、残りの三二人を対象とする訓練が始まった。一週間に六日、一日最低一〇時間の勉強が要求される厳しいプログラムだった。二期生は四五人で、陸軍からの訓練生もいた。さらに、三期生には女性の訓練生も加わった。訓練生の数が増える中、有資格の教師を確保することが大きな課題となった。

一九四五年五月、優秀な一期生五人がATISに送られ、言語能力評価委員会による筆記および口頭試験を受けた。結果、全員が合格し、ATISの任務に就くことになった。しかし、日本語言語官をより多く生み出すためには、教師や教材の確保、また訓練法の面で問題があり、ＲＡＡＦＬＳはＡＴＩＳによるシラバスの点検や、米陸軍情報部語学学校（ＭＩＳＬＳ）指揮官による視察を受けることになった。ＭＩＳＬＳが提出した視察後の報告書（一九四五年七月一二日付）には、以下のような懸念事項や助言が記されている。

・授業はできるだけ日本語で行うべきであり、訓練生には即興的な日本語を話させるべきである。
・そのためにも、あらたに四人の二世を教師としてＭＩＳＬＳやカナダから招聘することが推奨される。
・実際の捕獲文書や傍受したラジオ放送の録音、また、捕獲した映画や捕虜を活用して、実際的な日本語を聞き、読み、会話力を高めることが望ましい。
・受講者の約五〇％が落第しているのは問題である。翻訳や通訳ができるレベルにならないとしても、占領時の行政的任務で機能できそうな人材を訓練することも考慮すべきである。

ＲＡＡＦＬＳには日本語母語話者の教師がおらず、実践的な日本語訓練が欠けており、十分な成果があがっていなかったことがうかがえる。また、終戦を予想し、占領準備のための日本語訓練を意識しているのが確認できる。

†日本占領の準備

一九四五年七月、RAAFLSはシドニーからメルボルンに移転することになった。八月一五日終戦を迎え、同校の行く末を懸念する声が教師や訓練生から上がったが、日本占領における英連邦軍の言語官として数百人が必要になることが見込まれ、授業は継続した。

二期生の中で優秀な人材は予定よりも早く修了し、ティモールやボルネオで活動していたが、残りの一六人は一九四五年九月に卒業した。三期生の一八人は一一月に卒業した。一九四六年二月、四期生約三〇人が卒業した後、RAAFLSはメルボルンの南にある豪空軍発祥の地、ポイント・クックに移転した。その後、五期生一五人、六期生一六人が一九四六年四月から五月にかけて卒業した。

しかし、卒業生の中には、日本語言語官としての職がなく、そのまま除隊する者もいたという。同校は一九四八年一〇月に閉鎖された。

†強制収容された日本語講師

米国や英国と異なり、オーストラリア政府は太平洋戦争中、自国にいた日系人を語学兵や日本語教師として動員することはしなかった。

当時、オーストラリア在留の日系人は一二〇〇人弱と少なく、分散して住んでおり、その多くが真珠貝採取やサトウキビ産業で働いていた。日本語の学校や新聞がきちんと整った日系人コミュニティもなかったので、英日のバイリンガル能力を持ち、兵役につけるような二世はほとんどいなかったと考えられる。

その中で、メルボルン大学で日本語講師をしていた稲垣蒙志が真珠湾攻撃後にどのような扱いを受けたかを見ると、豪軍にとって自国の日系人を動員することなど論外だったことが推察できる。

稲垣蒙志（オーストラリアの公文書ではMowsey Inagakiとある）は、一八九七年日本からオーストラリアに渡った。一九〇七年オーストラリア人女性のローズと結婚し、娘が生まれた。日本語の個人教師をしていたが、一九一九年にメルボルン大学日本語クラスの助手、そして一九二二年には同校の日本語講師となった。『日本語読本』という教科書も著している。

しかし、一九四一年の真珠湾攻撃後すぐに稲垣は逮捕され、一九四二年には強制収容所に収容された。まもなくメルボルン大学の日本語クラスも中止となった。妻のローズは稲垣と結婚したことで英国籍を失っていたが、のちに「外国人を愛することが罪なのか？」と抗議し、英国籍再取得の申請を行った。こうして、ローズは娘とともに収容所行きを免れた。

一九四三年、ローズは夫が収容所にいる間に亡くなった。稲垣は終戦後の一九四六年に収容所から解放されたが、娘をオーストラリアに残し、一人で日本に送還された。

メルボルン大学のベテラン日本語講師であり、オーストラリア人女性と結婚し、娘までもうけた稲垣が、家族と切り離され、財産を没収され、敵性外国人として強制収容されたのは、非白人、日系人を排除する当時のオーストラリア政府の態度を如実に語るものだ。

稲垣と同様、太平洋戦争中、オーストラリア国内の日本人および混血を含む日系人二世の合計一一四一人が敵性外国人として強制収容所に抑留された。また、ニューカレドニアや蘭印（オランダ領東インド、ほぼ現在のインドネシアにあたる）などからも台湾人や日系混血の二世を含む「日本人」が収容所に送られ、一九四五年一一月一五日時点で、オーストラリア国内の強制収容所内には三一六八人の日系人が抑留されていた。

家族連れや女性が多かったタツラ収容所（オーストラリア南東部）では、子どもたちに日本語を教えるタツラ国民学校が作られていたが、稲垣のケースと同様、そこで教師を務めた日本人を豪軍が対日諜報戦でなんらかの役割につかせようとした形跡は見当たらない。

3 連合軍翻訳通訳部「ATIS」と戦犯裁判

†日系人の動員は論外

米軍や英軍と比べ、豪軍組織内の日本語言語官の数は少なかった。それは日本語研修の必要性が認識されながらも、戦線での火急の対応に追われて、その計画や実施が遅れたことが原因の一つであろう。

また、豪軍において、留学生派遣などの日本語研修の実績がほとんどなく、オーストラリア内の大学での本格的な日本語クラスもほとんど整備されていなかったため、訓練生の動員や日本語速習プログラムのカリキュラム作りの面で効果的な取り組みができなかったこともある。

さらに、前述のように、米国と異なり、オーストラリア内の日系人が少なかったと同時に、豪軍が自国内の日系人を日本語教師や言語官として動員することは論外だと考えていたことがある。教師陣に日本人や日系カナダ人がいたSOASの戦時日本語プログラムとは状況が異なっていた。

コリン・ファンチ（Funch, 2003）によると、豪軍内で対日諜報活動に関わった日本語言語官は三つのグループに分類される。まず、日本で育ち教育を受け、開戦直前にオーストラリアに移住した白人。彼らは、言語官や日本語学校教師として即座に採用され、多方面で実質的な活躍をし、豪軍にとって不可欠の存在だった。

第二のグループは一九四〇年に設置された検閲局日本語学校の卒業生、そして第三のグループは一九四四年に設置された豪空軍日本語学校の卒業生だった。第二、第三のグループは日本語をゼロから速習した二〇代の若者たちで、彼らが言語官としてどれほど結果を残せたかについては疑問が残る。

これらの言語官は、ATISで捕獲文書の翻訳や日本人捕虜の尋問に関わった。また、日本軍の通信傍受と翻訳、撃墜された日本軍の航空機からの情報収集、プロパガンダ活動に携わった者もいる。さらに、戦後の豪軍による戦犯裁判において、法廷通訳や裁判前尋問を担当した言語官もいた。

†ATISでは少数派

一九四二年八月に始まったガダルカナル島の戦いで連合軍が優位に立ち本格的攻勢が始まると、日本人捕虜と捕獲文書の数が急増した。それに対応するために、一九四二年九月初めに豪軍はブリスベンに陸海空軍すべてが関わる捕虜尋問センターを設置した。しかし、同月一九日には米陸軍の情報参謀であるウィロビー准将が、文書の迅速な翻訳と配布を連合軍内で一元管理するために、同センターを米軍主導のATISに改編した。

ウィロビーは日本語のわかる人材をオーストラリア中で探したが、大学の東洋研究者やビジネスマンとして日本滞在の経験がある者がごく少数いるだけだったと報告している。当初、豪軍は前述のジョン・シェルトンを含む一四人の士官と三人の下士官をATISに送ってきた。シェルトンは翻訳作業の監督や言語官の試験に関わるなど重要な役割を果たしたが、結局、ブリスベンにありながらATISの人員はほとんどが日系米人二世であり、

現在も残るATISの建物（ブリスベン郊外インドロピリー）。捕虜はここで尋問された

オーストラリア人は少数という構成になった。

一九四四年五月三一日時点でのＡＴＩＳの言語官は三七一人で、そのうち豪軍所属は六三人（約一七％）、米軍所属は二九五人（八〇％）だった。米軍の中でも、二世語学兵が大多数を占める陸軍の言語官は二六二人で、全体の七割強を占めていた。また、ＡＴＩＳ言語官全体の中で、実際に成果を出せる（effective）翻訳官という評価を受けた者は一三四人、尋問官は六一人にすぎなかった。これではニューギニアなどの前線で必要な翻訳作業に対応できず、一九四五年一月までに前方配備できる翻訳官二六六人を新たに動員すべきだという報告があった。

ＡＴＩＳの言語官はブリスベンを離れ、ポートモレスビー（ニューギニア）、ホランディア（現・インドネシアのジャヤプラ）などにも送られ、前線ですぐに必要とされる翻訳や捕虜尋問を行った。

たとえば、一九四五年四月に豪軍がモロタイ（インドネシア）に向かった際、二三人から成る言語官チームが帯同した。そのうち一八人が米陸海軍の所属で、ほとんどが二世語学兵だった。当初は日系人と働くことに抵抗を示した豪軍兵だったが、翻訳や尋問で二世が活躍するのを見て彼らの価値を認め、受け入れるようになったという。

一九四五年九月までにＡＴＩＳは三五万点もの捕獲文書を扱い、そのうち一万八〇〇〇点が翻訳された。また、一万人以上の捕虜を尋問し、七七九件の報告書を作成した。

太平洋戦争中、連合軍にとって最も重要な諜報機関だったと言われるＡＴＩＳでは、一九四五年のピーク時に、言語官以外の人員も含め、二五〇〇人以上の士官と一七〇〇人以上の下士官がいた。一九四四年八月、連合軍の諜報組織と活動について説明する日本軍の文書が捕獲され、ＡＴＩＳに送られてきたが、それによると、日本軍はその当時ＡＴＩＳの存在にまったく気づいていなかったとされている。

終戦とともに、ＡＴＩＳは「連合軍」ではなく米軍の組織となったが、フィリピン、日本へと本部が移っても、ＡＴＩＳと行動をともにした豪軍の言語官が二人いた。前述のシェルトンと検閲学校でシェルトンの学生だったノーマン・スパーノンである。二人は一九四六年に豪陸軍を除隊したが、民間人として一九五七年まで東京のＡＴＩＳに勤務した。その後、シェルトンはオーストラリア人の妻とともに米国へ移住し、晩年はカリフォルニアで過ごした。スパーノンは妻とともにオーストラリアに戻った。

†ネイブの再登場

前述のように、一九四二年四月、米・豪軍合同で日本軍の通信傍受と暗号解読を行うための中央局が設置された。そこで重要な役割を果たした一人がノーマン・ウェブである。ウェブは家族とともに日本で暮らし、その後、日本及び中国で石油会社の代理人を務めていたが、開戦と同時に香港で英軍に入隊。その後、シンガポールに送られ、日本軍によるシンガポール侵攻直前にオーストラリアに退去したという経歴の持ち主である。

中央局の海軍航空隊部の主任を務めたのは、前述のエリック・ネイブだった。ネイブは英海軍で暗号解読専門家として活躍した後、一九四〇年にオーストラリアに帰国していた。

中央局がオーストラリア北部のダーウィンに設置した陸軍無線部では、ジョセフ・ダコスタが通信傍受と翻訳、また、撃墜された日本軍航空士の尋問に携わった。ダコスタはフィリピン生まれで、八歳から一七歳まで日本で教育を受け、流暢な日本語を話した。

中央局の言語担当官の不足は深刻で、日本からの引揚者や検閲局日本語学校の卒業生だけでは間に合わず、一九四四年、中央局からの要請に応え、英陸軍から二〇人、英空軍から四人、カナダ空軍から二人の言語官が投入された。

†零戦解体と航空産業諜報

ダーウィンでは撃墜あるいは捕獲された日本軍の航空機が解体され、各部品のプレートから製造工場の情報や航空機の識別番号を翻訳して、日本の軍事航空機産業の情報を収集する部隊があった。

航空産業諜報（Air industry intelligence, AIRIND）と呼ばれるこうした活動の発端になったのは、一九四二年二月の日本軍によるダーウィン空爆で零戦一機がエンジンの故障でメルビル島に不時着した事件である。機体はほとんど無傷で、搭乗員の豊島一は豪軍が捉えた日本人捕虜第一号となった。

豊島はメルボルンに送られ、当時検閲局の日本語プログラム主任を務めていたジョン・シェルトンによる尋問を受けた。その後、カウラ捕虜収容所に抑留され、一九四四年に起こった日本人捕虜脱走事件の際、自決した。

ダーウィンでこの零戦は解体され、構造や部品が調査された。そして重要と思われる部品がメルボルンに送られ、空軍の諜報部で詳細な分析が行われることになった。担当したのは、日本語に堪能なノーマン・ティンデール少尉だった。

ティンデールは一九〇〇年パース生まれで、父の仕事の関係で一九〇七年から一九一五年まで日本で育った。その後、文化人類学者としてオーストラリアの先住民族の研究に携わっていたが、太平洋戦争が勃発すると、一九四二年空軍に入隊し、対日諜報活動に関わった。ティンデールのチームは日本軍航空機の部品を詳細に分析することで、日本の航空産業、日本軍の航空兵力と航空機の種類などについて情報を収集した。

一九四二年七月、ティンデールのチームはブリスベンに移転し、日本情報課（Japan Intelligence Section, JAPIS）の一部となった。その後一九四三年八月には、八人のスタッフとともに、ほとんど独立した組織としてAIRINDに取り組んだ。

航空機部品のプレートの翻訳を中心的に担ったのはウォルター・エイブラハムだった。エイブラハムは兵庫県の塩屋に生まれ、一九四一年初めにオーストラリアに移住するまで、日本で教育を受けていた。

豪空軍によるAIRIND活動の成果は米軍の知るところとなり、一九四四年初め米陸軍情報部から二人が視察にきた。結果、オーストラリアのAIRINDチームは米国に移り、米陸軍情報部に所属することになった。同チームは四〇人のスタッフを抱え、毎月報告書を提出した。特に、航空機と部品の生産速度、工場の生産能力に関する情報は太平洋戦争遂行の計画に役立ち、部品工場などを狙った空襲計画が立てられた。

戦後、米国戦略爆撃調査団（USSBS）が、米軍による戦略爆撃の効果を調査した際、AIRINDチームからもティンデールとエイブラハムが参加し、それまで収集した情報を提供することで協力した。

†対日プロパガンダを支えた「日本人」

豪軍の日本語言語官の中には、極東連絡局（Far Eastern Liaison Office, FELO）で対日プロパガンダに関わった者もいた。

FELOは一九四二年六月にオーストラリア人の連合軍地上司令官によって設置されたプロパガンダおよび野戦諜報活動に携わる組織で、七月には連合軍情報局（Allied Intelligence Bureau, AIB）の一部となったが、まもなく、豪軍が実質的な運営をすることになった。したがって、FELOの活動に不可欠な日本語言語官も豪軍によって調達された。当初、FELOの構成員は五人だったが、終戦時には四七四人にまで膨らんだ。ほとんどは豪軍の人員で、そのほかに、蘭軍、民間人、現地住民に混じって、日本人捕虜五人もいた。また、前線ではATIS所属の二世語学兵が協力することもあった。

FELOは、宣伝ビラ、前線放送、移動宣伝を通して、日本軍の士気をくじくこと、連合軍の動きについて日本軍を惑わすこと、そして日本軍占領地域の住民の心理に影響を与えることを目標とし、一九四五年一〇月に閉鎖されるまで、ブリスベンの本部および前線で活動を続けた。日本語のビラ作成や放送を担当した一人にチャールズ・バビエがいる。以下は、豪内務省の一九四二年一二月付の文書によるバビエの履歴である。

チャールズ・バビエは一八八八年スイスに生まれ、一九一二年にオーストラリアに入国、一九一四年に帰化した。一九一五年にオーストラリア帝国軍に入隊し、海外に派兵されたが、スパイ容疑で除隊となった。一九一六年、オーストラリアから日本に渡り、英語教師や新聞記者として一二か月働いた。一九一七―一八年に広東省の中国軍陸軍士官学校で戦術を教えた後、一九一九年三月にオーストラリアに戻り、その年末には再び日本に渡った。

一九二八年横浜の英国総領事は、バビエが日本に帰化しており、英国籍を喪失したことを認める宣誓供述書に署名していることをオーストラリア内務省に通知した。バビエは一九三八年二月頃まで日本に滞在し、シンガポールに移住。一九四二年一月にシンガポールで帰化したが、それは地元のみで通用するもので、大英帝国の他の地域では有効ではない。

日本軍によるシンガポール陥落の直前にシンガポールを離れ、一九四二年三月にメルボルンに到着した。シンガポールでは防衛警備や警察、情報省に雇われていた。オーストラリアに戻ってからバビエはＦＥＬＯに勤務している。(NAA: B883, QX6157L)

†敵味方に別れた親子

ＦＥＬＯ局長であるプラウド司令官はバビエの帰化プロセスが進むことを望んだ。しかし、過去のスパイ容疑、日本で暮らした年数が非常に長く、英国籍を捨てて日本に帰化したこと、妻が日本人であることなどから、バビエが敵性外国人であり、日本の工作員である可能性があるとし、内務省はバビエの帰化申請を却下した。つまり、バビエは日本国籍のまま、対日プロパガンダに従事したことになる。バビエは日本人捕虜の一人だった稲垣利一海軍主計大尉と協働で日本語ビラを作っていた。

ちなみに、バビエの生涯を著したハーミッシュ・マクドナルドによると、バビエの父親はスイス人の富裕な絹貿易商だったが、母親は不明。三歳の時に、横浜の日本人女性の養

ブーゲンビル島で対日心理戦放送の録音をするジョン・バビエ

子となり育てられたという。また、第一次世界大戦中はガリポリの戦いに参加し負傷している。一九三八年、家族と共に日本を脱出したのは、軍部による在日外国人に対するしめつけが厳しくなったからだった。

当時、二人の息子は横浜のセント・ジョセフ・インターナショナル・カレッジに在籍中だった。また、一九四二年シンガポールからオーストラリアに避難した時、長男のエドワードは婚約者のいるシンガポールに残り、日本人の妻と次男のジョンはバビエと行動を共にした。その後、エドワード（タニシロタロウ）は昭南（シンガポール）憲兵隊の軍属通訳官となった。

戦後、父親が豪軍や英軍の軍事法廷で言

語官を務める一方、エドワードは民間法廷で戦犯として有罪判決を受け、一六か月服役した後、一九四七年末に日本に引揚げた。日本では、占領米軍の秘密諜報員として約一〇年働いた後、民間企業に転職した。

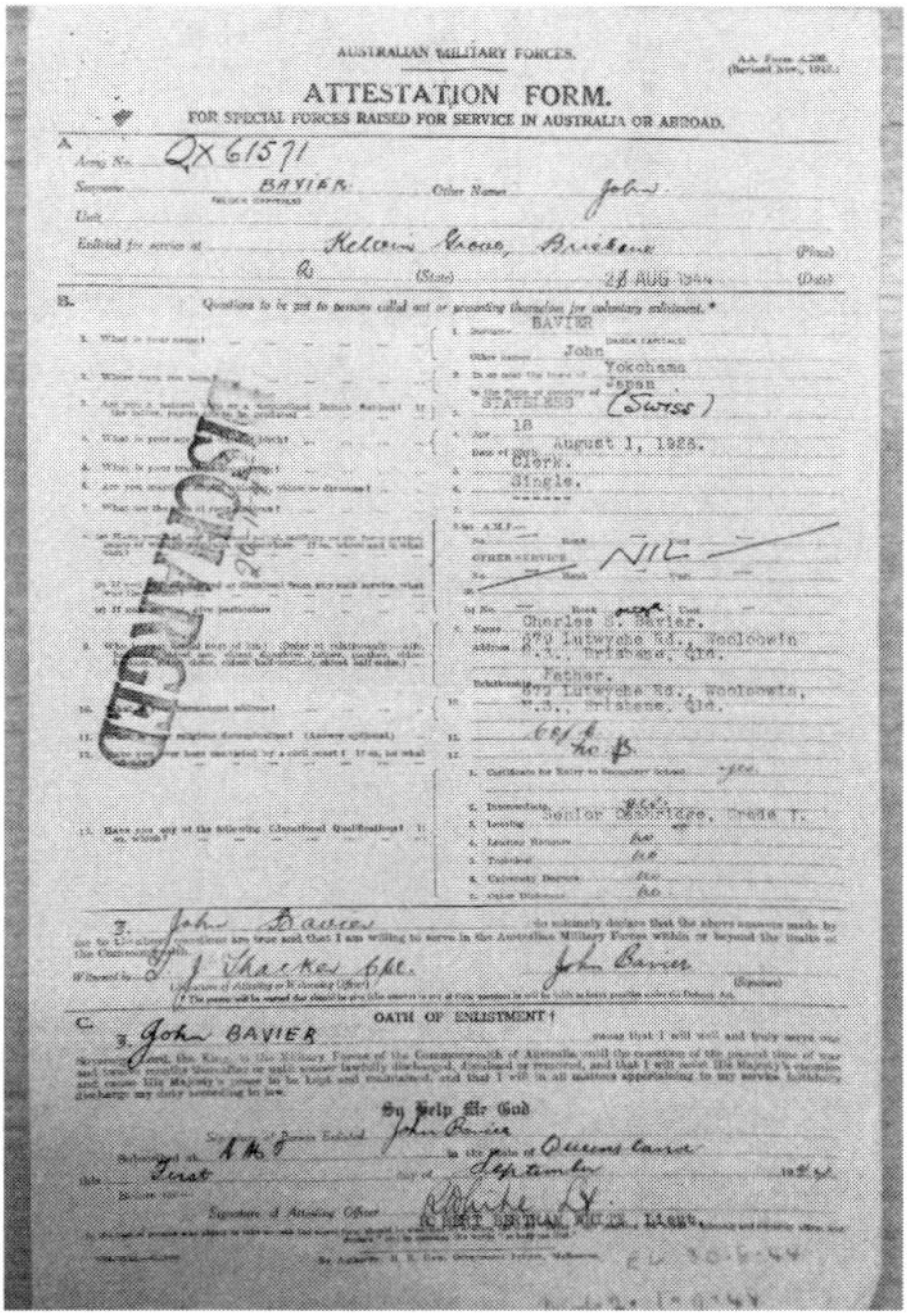
AUSTRALIAN MILITARY FORCES.

ATTESTATION FORM.

FOR SPECIAL FORCES RAISED FOR SERVICE IN AUSTRALIA OR ABROAD.

A.
Army No. QX61571
Surname BAVIER Other Names John
Unit
Enlisted for service at Kelvin Grove, Brisbane (Place)
Q (State) 28 AUG 1944 (Date)

B.
Questions to be put to persons called out or presenting themselves for voluntary enlistment.*

BAVIER
John
Yokohama
Japan
STATELESS (Swiss)
18
August 1, 1925.
Clerk.
Single.
OTHER SERVICE NIL
Charles S. Bavier.
Father.

OATH OF ENLISTMENT

I, John BAVIER

So Help Me God

Subscribed at first day of September

(無国籍）の横に手書きでSwiss（スイス）とある

ジョン・バビエに関する豪軍の書類。STATELESS（無国籍）の横に手書きでSwiss（スイス）とある

一方、次男のジョンは一八歳になるのを待って、豪軍に入隊し、父親とともにFELOでプロパガンダ放送などに従事した。ジョン・バビエの従軍記録には横浜生まれ、「無国籍」とある。日本語要員がどうしても欲しいプラウドが陰で糸を引き、「スイス人移民」として、任務に就かせたのだった。戦後ジョンはシンガポールに移住し、帰化した。

バビエと二人の息子は国籍が不確かで、どこにいてもスパイの疑いをかけられる不安定な立場にあった。そして、戦争中は敵味方に別れる運命となった。しかし三人とも、日本語と英語に堪能であることから、諜報活動の言語官として軍部に請われたことになる。

†戦犯裁判でチーム通訳

戦後、アジア太平洋の各地で行われた二九二件におよぶ豪軍戦犯裁判では合計九六〇人が被告人となり、法廷通訳人は不可欠の存在となった。裁判記録によると、豪軍言語官のほか、ATIS所属の日系語学兵、日本軍の元将校や軍属が裁判前の調査や裁判での通訳を担当したことが確認できる。

前述のジョセフ・ダコスタは、ラブアン島（現マレーシア直轄領）で行われた八つの裁判で法廷通訳を務めた。日本育ちのダコスタは日本語が流暢だったとされるが、軍事、医

1945年11月28日。モロタイでの豪軍によるＢＣ級戦犯裁判の様子

学、法律などの専門用語には不慣れだった。一日の審理が終わると、被告人を捕虜収容所に訪ね、審理を理解できたか確認して回ったという。ダコスタと同様に、一九四一年一月日本から引揚船でオーストラリアに渡ったドナルド・マンもラブアン裁判一一件で通訳を務めた。

被告人の中には英語に堪能で、通訳をチェックし、誤訳を訂正する者もいた。たとえば、「サンダカン死の行進」（日本軍がマレーシア・サンダカンから一〇〇〇人以上の捕虜を二六〇キロ離れたラナウまで移動させ、七人を除く全員が死んだとされる虐待事件）に関するラブアン裁判で、被告人の星島進陸軍大尉は、豪軍の通訳官は小学校程度の日本語がわかる一人を除けば皆が無能であり、また、裁判前尋問を通訳したＡＴＩＳの米人二世語学兵も全てを正確に訳さなかったと申し立てた。

最年少の通訳官はゴードン・メイトランドだった。豪空軍日本語学校に配属され、シドニー大学とメルボルンで合計九か月間日本語を学んだ後、一九四五年九月にモロタイに派遣された。その時、メイトランドはまだ一九歳だった。戦争犯罪調査の日本語補佐をした後、一九四六年ダーウィンでの裁判で法廷通訳に携わった。ほかの豪軍通訳官二人とともに、チームとして助け合いながら通訳をしたが、それでも被告人側の日本人通訳官から訂正を入れられたという。

結局、裁判をスムーズに進めるために、元日本兵や民間の日本人通訳者が実質的に通訳を行い、それを豪軍言語官がモニターするという形式をとる裁判もあった。法廷通訳を務めた者の中には、米国生まれの日系二世で、開戦時に日本にいたために米国に戻れず、日本軍の通訳官として動員されていた者もいた。

第四章

カナダ政府の躊躇

1 カナダ陸軍日本語学校「S–20」

†「愛人を持つことで日本語を学べる」

一九二一年、主にブリティッシュ・コロンビア（BC）州で続く移民問題を背景に、カナダ連邦警察のトップである騎馬警察長官が、アジア系カナダ人コミュニティの状況を把握するために日本語や中国語を学ぶ必要があると唱え、そのための学校をBC州に設置することを提案した。軍部もその提案を支持し、バンクーバー島のビクトリアで週三回日本語のクラスが開講されることになった。

軍の将校を含む受講者は自費でこの日本語クラスに参加した。さらに同年、カナダ軍参謀長は国防委員会に対し、将校を日本に留学させ、日本語を学ばせることを提案した。しかし、望まれるレベルの日本語力を身につけるには一年以上かかり、コストがかかりすぎるとの理由でこの提案は却下された。報告書には、「若い将校たちは日本人の愛人を持つことで日本語を学べる」という旨のコメントが含まれていたという（LaMarsh, 1967）。こうして、カナダ軍内で日本語要員を養成するという最初の試みは失敗に終わった。

第二次世界大戦がヨーロッパで勃発し、各国で戦時体制がとられる中、カナダ政府も一九四〇年末から西海岸で日本からのニュース放送を傍受し始め、その情報は陸軍参謀部にも共有されていた。しかし、日本語の内容を理解して分析し、軍事関連の情報を収集する能力は当時のカナダ軍にはなかった。

一九四一年九月、カナダ軍は英軍の要請を受け、二大隊を香港に送り出した。しかし当時、英軍は日本との開戦はまだ先のことであるという判断をしていた。

そして迎えた一二月八日。日本軍による英領マレー半島の攻撃および真珠湾攻撃によって太平洋戦争が勃発した時、対日諜報戦で言語官として貢献できる要員はカナダ軍の中にはほとんどいない状況だった。

†遅い出発

第二次世界大戦へのカナダの関与は当初、ヨーロッパ戦線に集中していた。その中で、一九四二年五月、ロンドンのカナダ軍本部から諜報活動に必要なドイツ語要員の派遣を依頼されたカナダ陸軍は、言語官の動員や養成に関する軍の方針がそれまでなかったことに気づいたという。太平洋地域で日本軍と交戦する可能性が高まる中、日本語担当官の絶対的不足に対する懸念も増していった。

一九四三年時点で、カナダ海軍と空軍は神戸のカナディアン・アカデミー出身者などを日本語言語官として採用していたが、陸軍はそうした動きに立ち遅れ、みずから言語官を養成する必要を認識するようになった。実際のところ、一九四二年中頃には、米陸軍情報部語学学校（ＭＩＳＬＳ）からカナダ兵を受け入れる申し出があったが、カナダ側は適当な人材を見つけ、派遣の手続きをするのに一年を要していた。

一九四三年七月、カナダ軍は九人の士官と七人の下士官をＭＩＳＬＳに送り、白人の語学将校候補を対象とするクラスなどを受講させた。しかし、日本語をほとんどゼロから学ぶ者たちばかりで、ＭＩＳＬＳ側は、訓練を延長すれば半数ぐらいは卒業できるかもしれないという厳しい評価をしていた。最終的に、ＭＩＳＬＳの授業は家庭で日本語に慣れ親しんだような日系二世を主な対象としていたので、日本語初心者のカナダ人には効果があがらないと判断された。

こうして、カナダ陸軍は自らの日本語学校の設置を検討し始めたが、日系人を排除したプログラム作りが前提としてあった。というのも、一九四一年一月、カナダ政府はアジア系カナダ人の兵役を認めない決定をしており、開戦後の一九四二年にはBC州の日系人二万一〇〇〇人以上が強制的に収容所や作業所などに移動させられていたからだ。対日諜報活動における日系二世の価値を理解し、戦争準備の段階から彼らを動員した米国とは大きく異なり、カナダ政府は日系カナダ人の動員を否定し続けたのだった。

†陸軍日本語学校の始まり

陸軍日本語学校の設置を熱心に唱えたのは、バンクーバーの太平洋司令部で参謀将校として諜報を担当していたブライアン・ムラーリー中佐だった。ムラーリーは英国生まれで、一九一一年英陸軍将校となり、インドなどで任務に就いた後、一九三九―四一年に東京の英国大使館駐在武官を務めた経験があった。

同司令部でムラーリーは日系人コミュニティの監視およびその他諜報活動に従事しており、日本からの短波放送をモニターする要員を必要としていた。MISLSへのカナダ兵派遣が認められたことを契機に、ムラーリーはバンクーバーでも軍事目的の日本語プログラムを始めるべきだと提案した。それに応え、カナダ政府が日本語学校の設置を認めたのは一九四三年六月のことだった。

場所としては、ＢＣ州の青少年向け職業訓練プログラムの協力で、バンクーバー実業学校の教室を借りることができた。また、教師の採用については、まず、中国語と日本語を学んだ経験があり、バンクーバーの郵便検閲局に勤務していたポール・ハレーが主任教師として選ばれた。民間組織から日系二世が出向したこともあったが、これは一時期のことだった。他に、郵便検閲局勤務のデイビッド・ビーとウェールズ出身で横浜の英国総領事館の職員だったグリフィスと帝大出身とされる妻ツヨコが教師として雇われた。

ムラーリーは日本語学校卒業の通訳官を集めた部隊の編成も提案したが、これは却下された。カナダ陸軍日本語学校はできるだけ短い時間に戦地で尋問、翻訳、通訳の任務を果たせる人材を養成する目的を掲げ、一九四三年八月、二四人の第一期生を迎えた。

†宣教師マッケンジーの着任

第一期生の訓練が始まってまもなくの一九四三年一〇月、アーサー・マッケンジー陸軍少佐が日本語学校の責任者として着任した。マッケンジーは、カナダ・メソジスト教会の在日宣教師の息子として一八八九年東京に生まれ、一九歳まで日本で育った。

一九〇九年、トロント大学ビクトリア・カレッジに入学し、英文学や歴史を学んだ後、哲学の修士号を得た。第一次世界大戦が始まった一九一四年、カナダ陸軍に入隊し、将校となる。フランスでの戦闘に参加し、戦功十字章を授与された。一九二〇年、妻とともに来日し、愛知、岐阜などで宣教活動を行った。

一九三二年から関西学院で教鞭をとり、商業英語、心理学などを担当した。日本で生まれ育ったマッケンジーは、日本語で授業を行うことができるほど日本語が流暢だった。

一九四一年はじめ、本国の宣教師団体からの引揚命令に従って、マッケンジーはカナダに帰国し、予備将校となった。まもなく米海軍に招聘され、ハーバード大学に設置された海軍日本語プログラム（第一章を参照）で日本語を教えた。

その後、バンクーバーのカナダ陸軍日本語学校に赴任したのだった。当時、同校は訓練のノウハウ、教材、有能な教師に欠け、崩壊寸前の状態だったとされ、マッケンジーはその立て直しに取り組んだ。

†カリキュラム

米軍や英軍と比べて遅いスタートとなったカナダ陸軍日本語学校だったが、遅参者ゆえにMISLSやSOASなどでの経験を参考にすることができた。

マッケンジー到着後、シラバスの再検討が行われ、米軍と英軍の日本語プログラムにおける優れた点を組みわせたカリキュラム作りが目指された。その際、日本語にほとんど接したことのないカナダ人に日本語を教えることが前提となった。

結果、訓練期間は一二か月とし、最初の六か月は日本語を話す能力と書く能力の基礎を学ぶとともに軍事用語も取り入れた授業を展開し、後半の六か月は、専門的な軍事用語、捕虜の尋問、地理、日本軍の組織や戦術などの学習に集中することになった。また、新入生の入学を六か月ごとにすることで、同時期に在籍するのは二クラスまでとし、訓練生と教師の比率を適切なレベルに保とうとした。

第二期生が一九四四年四月に、また、第三期生が一〇月に入学するころには、授業内容や運営も安定していた。さらにマッケンジーは、日本の歴史や慣習などについても授業に取り入れるようになった。

通常は四年で学ぶような内容を一年で詰め込むプログラムだったため、訓練生は毎日一〇時間も勉強に励んだ。当初は落第率も高かったが、入学基準を厳しくすることで落第生の数はかなり減ったという。

†管轄と校名の変更

一九四三年六月、日本語学校の設置が認められた当初、カナダ政府は五〇〇ドルの準備金を提供しただけだった。実際、日本語学校の民間人教師の給与を負担したのは、バンクーバー実業学校を教室として提供した青少年向け職業訓練プログラムだった。つまり、完全に軍事目的の学校でありながら、その運営に国防予算が当てられることはほとんどなく、日本語学校は職業訓練プログラムの一部として運営されていたということだ。

一九四四年一月、カナダ政府は太平洋司令部の正式な学校としての日本語学校の設置を認め、同年九月にその正式な運営が始まった。

そして、日本語の授業が始まって一年以上経った一九四四年一〇月、同校はカナダ陸軍S-20日本語学校と呼ばれることになった。この学校名は、一九四六年七月に同校が閉鎖されるまで使用された。

2 日系カナダ人二世をめぐる議論

†激しい敵意と差別

日本人のカナダへの移民は一八八七年に始まった。その後二〇年ほどでブリティッシュ・コロンビア（ＢＣ）州における日本人移民の数が八〇〇〇人にまで急増する中で、日系人排斥の動きが生じた。日系人が安価な労働力として白人の雇用機会を奪う脅威だとみなされ、日本人街などに集まって生活する姿に対して白人が不快感を持ったからだ。

一九〇七年には、「白人社会としてのＢＣ」を唱える人種主義者がバンクーバーで暴動を起こし、日系・中国系居住区を襲撃し、甚大な被害をもたらすに至った。結果、一九〇八年、日本政府とカナダ政府のあいだで「紳士協定」が結ばれ、日本からのカナダ移民の数が年間四〇〇人に限定されることになった。この協定は一九二五年および一九二八年に改定され、日本人移民数は年間一五〇人までと厳しく制限された。

当時、カナダではアジア系移民の帰化が許されており、一九三〇年代までに約三〇〇〇人の日本人移民一世が市民権を得ていた。しかし、帰化（一世）であろうとカナダ生まれ（二世）であろうと、市民権は限定的なものだった。日系人の九〇％以上が住んでいたBC州では、アジア系市民に投票権はなく、軍隊からも排除されていた。また、日系人は就職や賃金の面でも、差別待遇を受けていた。

一九四〇年、日本がドイツおよびイタリアと三国同盟を締結すると、すでにヨーロッパでドイツとの戦いに参戦していたカナダは、日本との開戦を予想し、日系人への対応を検討し始めた。そして一九四一年一月、カナダ政府は日系人の兵役入隊を認めないとの発表をした。ブリティッシュ・コロンビア大学の士官訓練部隊では日系人学生五〇人が士官になるための訓練を受けていたが、この発表と同時に全員が除隊となった。

同年三月には、日系人に登録が義務づけられ、カナダ生まれ、帰化市民、日本国籍者でそれぞれ色の違う身分証明書が発行された。日本との開戦後、一九四二年二月から一一月にかけて、カナダ政府は西海岸に居住する二万一〇〇〇人以上の日系人を敵性外国人として収容所、また、強制労働のための農場や作業所などへと移動させた。そのうち七五％が市民権保持者（カナダ生まれまたは帰化市民）だった。一九四一年一二月の香港の戦いに参戦したカナダ兵が日本軍の捕虜となり、虐待を受けていることが報道されると、日系人に対する敵意はさらに激しいものになった。

こうした状況を背景とし、カナダ政府は終戦の年まで日系カナダ人二世を日本語言語官として採用することを許可しなかった。前述のように、当初、日本語学校の訓練生となったのは、日本語の知識がほとんどない白人のみで、日系人は排除されていた。対日諜報活動における日系二世の価値を早くから理解し、戦争準備の段階から二世を動員した米国とは大きく異なる状況だった。

†開戦前の日系カナダ人兵士

一九四一年一月に日系人の入隊を禁じたカナダ軍だったが、その後も例外的に少数の日系人を入隊させており、一二月八日の真珠湾攻撃前に志願兵としてカナダ軍に入隊できていた日系二世は三〇人ほど存在した。実際、その四半世紀以上前に起こった第一次世界大戦では、二〇〇人以上の日系人（一世）がヨーロッパ戦線で戦う義勇兵に志願していたことも記しておくべきだろう。

第一次世界大戦が勃発すると、日系人は義勇兵としてカナダに貢献することによって、自分たちの信用を高め、投票権などの平等待遇を要求することができると考え、日系人コミュニティの中で志願者を募った。日本と英国との間に同盟関係があり、またカナダが英領であるということで、日系人が連合軍のために戦うことに政治的齟齬はなかった。しかし、BC州ではアジア系の入隊手続きを認めていなかったので、二〇〇人以上の日系人がアルバータ州まで移動して、入隊手続きをした。

ヨーロッパの激戦地に派遣された日系人義勇兵二二二人のうち、五四人が戦死。残りもほとんどが負傷し、無傷でカナダに戻れたのはわずか一二人だった。帰還兵の一三人は戦闘での勇敢さに対しメダルを授与された。血を流すことで、カナダに対する忠誠心を示したということだ。しかし、義勇軍の帰還兵が参政権を得たのは、一〇年以上経った一九三一年のことだった。

日本との開戦前にカナダ軍に入隊できていた三〇人ほどの日系人は、混血の二世や白人を妻に持つ二世が含まれ、そのほとんどはカナダ東部地区などBC州以外で軍隊に志願していた。

たとえば、モントリオールではツボイ家の父親（妻は英国人）、長男、次男がそろって志願兵となっていた。長男のデイビッドは一九四二年ディエップの戦い（連合軍によるフランス奇襲上陸作戦）に参加し、終戦までナチスの捕虜となった。父親は前述のジツエイ・ツボイで、第一次世界大戦に義勇兵として参加した経験があり、年齢を偽って再び志願、のちにロンドン大学東洋アフリカ研究学院（SOAS）戦時日本語プログラムの教師となった。

ツボイと同様、SOASで教鞭をとったフミカズ・ヤマモトとピーター・ショウジ・ヤマウチはBC出身だったが、それぞれトロントとエドモントン（アルバータ州）で、また、エイイチ・マツヤマはモントリオールで入隊していた（SOASの日系カナダ人教師については第二章を参照）。

†米軍二世語学兵との接触

カナダ軍と日本軍が初めて交戦したのは、一九四一年一二月の香港での戦いでのことだった。勝利を収めた日本軍は一七〇〇人近いカナダ兵を捕虜にした。しかし、当時カナダ軍は主にヨーロッパ戦線での戦いに集中していたので、香港での戦闘によって、日本語要員を養成する必要性を強く認識したり、すぐに対応が始まったというわけではなかった。

カナダ兵が米陸軍の二世語学兵の働きを目撃する機会を得たのは、アリューシャン方面の戦いで一九四三年八月にカナダ軍が米軍とともにキスカ島に上陸した時のことである。この作戦には四〇人の二世語学兵が参加したが、その中の一人であるノブオ・フルイエは日系米人語学兵として初めてカナダ軍（近衛歩兵第一連隊）に帯同した。フルイエはキスカ島侵攻前に、日本軍の無線通信をモニターする任務に就いていた。

前述のように、キスカ島侵攻の一か月前である一九四三年七月に、カナダ政府は一六人の白人兵を米陸軍情報部語学学校（MISLS）に送っており、八月にはバンクーバーで日本語学校が開校した。

つまり、その時点で、カナダ軍は日本語要員の養成について実際に行動を起こしており、米軍における二世語学兵の登用と彼らの活躍ぶりについては認識していたということだ。しかし、カナダ軍が対日諜報活動で日系カナダ人二世を語学兵として動員し始めるのは一年半以上も先のことになる。

†豪軍からの要請

豪軍と英軍の諜報関係者は、日系米人二世が連合軍翻訳通訳部（ATIS）や東南アジア翻訳尋問センター（SEATIC）をはじめとする後方の諜報センターで、また、ビルマやニューギニアなどの戦闘の前線で重要な役割を果たすのを目の当たりにしていた。しかし、どの現場においても、増加する一方の日本人捕虜や日本軍の捕獲文書に対応する日本語言語官は常に不足していた。

そこで一九四四年になると、豪軍と英軍は、英連邦に属するカナダに対し、日系カナダ人を言語官として提供するよう交渉を始めた。日系米人二世のように短い訓練期間で有能な語学兵になれる可能性は高いが、いまだに活用されていない唯一の集団として、日系カナダ人に注目したのだった。

まず一九四四年三月、オーストラリアからカナダ政府に対し、二〇〇人の日系カナダ人を言語官として豪軍に派遣させる要請があった。要請の出処はメルボルンの連合軍地上司令部オーストラリア軍事諜報部だった。豪軍内でも通信傍受、捕虜尋問、翻訳ができる日本語担当官を養成し始めたが、卒業生が出るのは一年先なので、すぐにでも使える日系人を求めていた。

この要請に対し、カナダ政府は日系人のカナダ軍入隊を禁止する政府の方針を理由に否定的な対応をした。オーストラリア側は失望し、日系人を英軍に入隊させ、豪軍に派遣させるという代替案を提示した。

カナダ軍の諜報部は、日系二世語学兵の採用など論外だと考えていたが、オーストラリアからの要請をきっかけに、日系二世を入隊させるための条件を検討し始めた。その結果、忠誠心を徹底的に調査すること、日本語の読み書き能力が高いこと、従軍場所を問わないことを条件とするという提案を参謀副長に行った。それに対し、参謀副長は、豪軍への派遣のために日系二世をカナダ軍に入隊させることは認めない、豪軍が日系人を求めるのであれば豪軍に入隊させればよい、との考えを示した。

†英軍からの要請

豪軍に続き、カナダ政府に日系人言語官の派遣を要請したのは、英陸軍大尉のドナルド・モリソン（祖父はスコットランド出身の貿易商ジェームズ・ペンダー・モリソンで、一八六六年から横浜に住み、横浜クリケットクラブを創設した名士）だった。

モリソンはフォース136（英特殊作戦執行部の部隊）のインド野戦放送班の指揮官で、当時はビルマで活動していた。日本語を話す朝鮮人を対日プロパガンダ放送に使い、そのアクセントが日本兵の中で嘲笑されていたことを日本人捕虜から聞いたことがきっかけとなり、日系カナダ人の採用を思いついたのだった。一九四四年五月、モリソンはワシント

Japanese Canadians were OUR boys

HOW BRITISH INTELLIGENCE RECRUITED 12

日系二世カナダ兵とモリソンを紹介した新聞記事

ンを経由して、トロントに到着した。

モリソンはトロントで優秀な日系人の言語官を三五人ほど直接採用するつもりだったが、カナダ軍の日系人排除の方針が壁となって立ちはだかった。

オタワに出向き、国防大臣と面談したものの、二世が英軍へ入隊することは許されるかもしれないが、カナダ軍への入隊は論外だという内閣戦争委員会の決定を告げられた。同大臣はモリソンに対し、さしあたってトロントで日系二世の面談を始めるように示唆した。

†カナダ政府の迷い

豪軍と英軍からの要請に端を発し、カナダ政府内では日系二世の兵役問題について新たな議論が起こっていた。一九四四年七月、軍書記官から国防大臣に提出されたメモランダムでは、二世を白人兵士から隔離することは不可能であり、「不快な事件」が起こりかねない一方、豪軍や英軍に直接入隊すればその問題は避けられるが、カナダに忠誠心を示したいという日系人の希望は叶わない、と記されていた。

この問題は内閣戦争委員会で議論されることになったが、その一方で、水面下では語学兵に志願しそうな日系二世への面談が開始された。面談を受けた二世は、家族の状況や日本での滞在歴を含む、詳細な質問項目に答えなければならなかった。

カナダ政府は日系人が言語官として連合軍のために重要な貢献ができる可能性を理解していたが、BC州の政治家や活動家たちが日系人の完全な追放を強硬に求めるといった国内の政治状況がある中、二世の兵役を正式に認める決定には至らないでいた。東南アジア連合軍最高司令官のマウントバッテン提督からも日系人派遣の要請があったが、カナダ政府は、カナダ軍への日系人の入隊は禁止されているので、むしろインド軍への直接入隊の許可を要請すべきだと返答した。

一九四四年八月、マーチー参謀長は国防大臣に対し、インド軍と豪軍の要請に応えて二五〇人の二世をカナダ軍に入隊させ、語学兵として派遣させるための詳細な提案を行った。しかし、同年一〇月、内閣戦争委員会は国防省からのこの提案を却下し、カナダ軍以外の軍隊への二世の入隊を示唆した。その時点で、モリソンはすでに一二人の二世語学兵候補を確保していたが、英軍に入隊しても除隊後にカナダに帰国できる保証がない限り、二世に入隊を説得するのは難しいことを理解していた。カナダ政府はこの点について明確な方針を示しておらず、モリソンの不満と焦りは募る一方だった。

こうして交渉が長引いたのは、BC州における激しい排日感情を背景とした国内の政治状況があったこと、また、二世の身元確認の条件、入隊先、除隊後の法的地位に関する議論が続いたためである。英国もオーストラリアも、除隊後、二世に市民権を与える意図はなく、民間人としてカナダに帰国させるつもりだった。

†S－20の教師募集

こうした議論が続いていた最中の一九四四年一一月、陸軍日本語学校（S－20）が教師を募集した。候補にあがったのはジョージ・ヤスゾウ・ショウジだった。

ショウジは、第一次世界大戦中、義勇兵としてフランスでの戦闘に参加し、負傷した経験を持つ英雄だったが、一九四二年、他の日系人とともにBC州の内陸部に強制的に移転させられていた。陸軍は、特定目的のためという理由でショウジの入隊を認めたが、一九四四年一〇月に内閣戦争委員会が発表した二世の兵役を禁じる方針に反するものだとして、政府は陸軍の決定を却下した。

かわりに雇われたのが、ハワード・ノーマンだった。ノーマンは宣教師の息子として長野で育ち、戦前は自ら名古屋や金沢で宣教活動に携わっていた。また、S－20校長のマッケンジー同様、関西学院で教鞭をとった経験もあった。

ノーマンは日系二世のカナダ軍入隊を支援し、国防大臣に対して、「日本語は難しい言語であり、対日諜報活動のための言語官に最適なのはすでに日本語の知識がある日系二世である、ゆえに日系二世を兵役に就かせるべきだ」と訴える手紙を送るほどだった（Ito, 1984）。

†チャーチル首相の介入？

最終的にカナダ政府が態度を変えることになったのは、一九四四年末から四五年初頭にかけて起こった二つの出来事が関係していると言われている。

まず、バンクーバーの市民権問題研究諮問機関がカナダ政府に送った手紙の中で、日本語の通訳官がいないがゆえに太平洋戦線でカナダ兵の命が脅かされる状況があれば、そのことについて、またカナダ政府が日系二世の志願兵を拒否し続けていることについて一般国民に発表すると宣言した。

また、二世語学兵の入隊に関するカナダ政府の否定的な態度が変わらないことに業を煮やしたモリソンは、ワシントンの英国出先機関に電信を打ち、最後の手段として、チャーチル英首相がカナダ政府に圧力をかけるようマウントバッテン司令官から働きかけてもらうことを要請した（Ito, 1984）。

これに対し、実際にマウントバッテンやチャーチルがなんらかの行動をとったことを示す文書は見つかっていない。しかし一九四五年一月には、内閣戦争委員会は、適正な日系カナダ人のカナダ軍入隊を一〇〇人まで許すという決定を下した。タイミング的に上記の

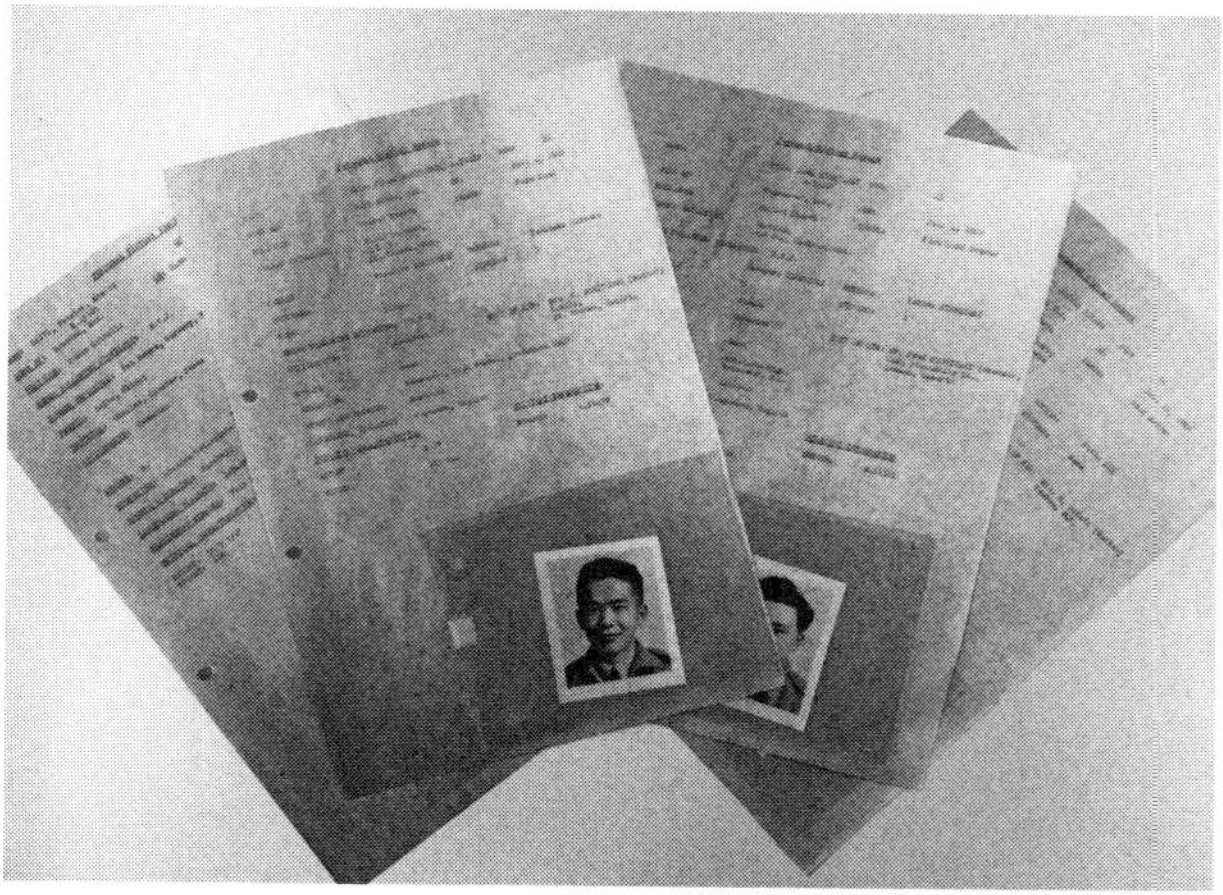

二世語学兵の調査書

二つの出来事がこの決定に影響を与えたという見方がある所以である。

　現場で日本語言語官が緊急に求められている中、豪軍から最初の要請を受けてから一〇か月後、また、モリソンが半年間粘り強く交渉した末に、やっと連合軍に貢献できる機会が日系二世に与えられたのだった。

　当初の日系二世一〇〇人という枠のうち、三五人は東南アジア司令部の英軍部隊に派遣されることになった。そのうち一二人はモリソンがすでに面談、身元確認、日本語試験などを済ませ合格した者たちで、正式なカナダ軍入隊を待つばかりだった。残りの二三人はまず軍事及び日本語の基礎訓練を受けることになった一方、オーストラリアには、三人の二世がただちに派遣されることが決まった。さらに、五〇人の二世が訓練を受けた後、豪軍に送られることになった。

†二世を迎えたS－20

一九四五年になって日系人のカナダ軍入隊が認められると、S－20にも二世が派遣されることになった。

S－20は二世語学兵の養成で実績のあるMISLSに協力を求めた。まず、MISLSのジョン・アイソ指揮官をオンタリオに招き、S－20に送られる最初の二世グループの評価をしてもらった。五二人の二世が試験を受けた結果、四分の一は優秀で、ワシントン郊外の諜報センターにも派遣できるだろうと判断された。

アイソはまた、同年四月に帰米二世のダイ・オガタ（序章を参照）とテッド・キハラを教師としてS－20に派遣した。当時、民間の日系アメリカ人がカナダに入国することは禁じられていたため、オガタはカナダ政府から特別な許可を得て、日系二世の妻をバンクーバーに呼び寄せた。

また、アイソともう一人のMISLS指揮官ジョン・アンダートンがS－20を視察し、同年六月、カナダ太平洋司令部に報告書を提出した。報告書には、S－20のカリキュラム、施設、運営などについて二人の所見と助言が述べられている。

助言の一つは、有能な二世の教師を雇い、二世教師や二世訓練生で優秀な者がいれば昇進させるべきだというものだった。これは、カナダ陸軍の中で、二世が十分に活用されておらず、平等な待遇を受けていなかったことを示唆している。

†実践的なS－20の訓練

また、アイソとアンダートンは、長沼の『標準日本語読本』に頼るのではなく、現場で使われる実用的な日本語を日本語で教える、和訳をするときはローマ字ではなく、せめてカナを使うこと、日本映画を教材にして日本語の自然なスピードに慣れさせることなども助言した。さらに、地図の読み取りや素早く正確な文書の査定ができるような訓練をすべきとも記している。

MISLSからの助言に応えてか、その後、S－20では捕虜尋問の訓練が九か月間毎日、また通信モニタリングの訓練が六か月間毎日行われるようになった。

S－20の三期生は一九四四年一〇月に、四期生は翌年四月に訓練を開始していた。二グ

S-20での口頭試験の様子

ループ合わせて五〇人ほどの白人訓練生たちは、当時四レベルのクラスに分けられていた。そこに、軍事訓練を終えた二世グループが七月と九月に編入してきた。ほとんどが中級クラスに入ったが、すぐに最上級のクラスに入れた者が六人、初級クラスから始めた者が二〇人いた。

八月一五日に終戦を迎えると、S-20の訓練生募集は中止された。一九四六年六月に最後の二世グループ二八人が卒業すると、翌月、S-20は閉校となった。最後の卒業生のほとんどは任務に就くことなく除隊となったが、マッケンジーの尽力で、S-20での訓練を単位として認定することに同意した大学が七校あった。

S-20が運営された三年間に、カナダ陸軍女性部隊からの一四人や豪空軍からの一人を含む合計二三二人が日本語の集中訓練を受け、一三七人が卒業した。その中で、実際に言語官の任務に就いたのは一一三人だった。二世に限った数字を見ると、語学兵としてカナダ軍に入隊したのは合計一一九人で、そのうち六二人がS－20に入学した。卒業したのは四八人だった。

3 遅すぎた貢献

漢字の教科書

†主な任務は終戦処理、BC級戦犯裁判、占領行政

太平洋戦争における対日諜報戦で日本語の専門家として関わった最初のカナダ兵は、ロンドン大学東洋アフリカ研究学院（SOAS）の戦時日本語プログラムで一九四二年から日本語を教えたツボイ、ヤマウチ、ヤマモト、マツヤマの四人だと考えられる（第二章を参照）。その後、

カナダ陸軍日本語学校（S－20）の教師陣や卒業生の中から、女性を含む白人および日系二世の言語官が誕生した。

また、S－20で訓練を受けることなく、直接、英軍や豪軍に帯同することになった二世語学兵もいる。彼らの多くは、インド、オーストラリア、東南アジア各地で通信傍受、捕虜の尋問、日本語文書の翻訳、プロパガンダ活動に携わった。

連合軍の対日諜報戦に関わる言語官の派遣で、カナダは米国、英国、オーストラリアに出遅れていたため、S－20卒業生や二世語学兵が活動したのは太平洋戦争の最後の一年および戦後の数年間という状況だった。特に、日系二世の語学兵が入隊を認められたのは、一九四五年になってのことだったので、彼らは主に東南アジアにおける終戦処理、英軍によるBC級戦犯裁判、また日本国内の占領行政などで任務に就いた。

†一九四五年以前の諜報活動

日系カナダ人の兵役が許された一九四五年一月以前にも、連合軍の諜報活動に日本語言語官として携わったカナダ人はいた。彼らは、S－20で働いていた教師およびS－20初期の卒業生たちである。

一九四四年五月、S－20で教鞭をとっていたポール・ハレー中尉とトニー・カトウ准尉が東南アジア司令部に派遣された。ハレーはインドでフォース136に配属され、敵陣近くでプロパガンダ放送に関わっていた。しかし、一九四四年クリスマスの午後、ラウドスピーカーを使って心理戦に携わっているとき、乗っていたジープが迫撃弾を受け、戦死した。S－20関係者で唯一の戦死者となった。

一方、カトウは白人のカナダ人女性と結婚し、二人の子どもを持つ日系二世だった。カトウは真珠湾攻撃前にカナダ軍に入隊しており、軍事訓練を受けたあと、一九四二年一月スコットランドに派遣されていた。カトウの日本語能力を活かすべきだと判断したカナダ軍は、一九四三年一〇月カトウをS－20に送り、日本語を教える任務に就かせた。その後、カトウは東南アジア司令部の英国諜報部隊に配属となり、通訳や捕虜尋問に携わった。また、シンガポールでの日本軍降伏においても言語官として関わった。

S－20の初期の卒業生からは、一九四四年九月、オタワの無線傍受班に五人が派遣された。また、同年一一月からは、ワシントン郊外の太平洋地域軍陸軍情報研究部（PACMIR）で日本語文書の整理などに携わる者が六人いた。さらに、メルボルンの南西太平洋方面司令部中央局からの要請に応え、カナダ空軍から二人の言語官が派遣され、通信傍受および暗号解読の任務に就いた。

†オーストラリアで無線傍受

一九四四年五月、インド軍司令官からカナダに対し、日本からの通信を傍受する信号諜報班を派遣するよう要請があった。それに応え、同年七月、防衛大臣は特別無線班の設置を承認したが、人材不足のために、実際に派遣の準備が整ったのは一九四五年一月になってのことだった。また、行先もインドではなく、オーストラリアに変更されていた。

この特別無線班にはS-20の卒業生も参加し、オタワで信号傍受の訓練を受けたあと、オーストラリアに派遣された。特別無線班は一九四五年二月ブリスベン郊外に到着し、米・豪軍のもとでさらなる訓練を受け、ダーウィンに移動した。五月にはダーウィンに設置された連合軍の傍受施設一二か所のうち一か所を同班が全面的に運営し始めた。S-20卒の言語官は二月に到着した一七人、五月に到着した三人の合計二〇人で、ダーウィンやメルボルンの中央局で傍受した通信の解読や翻訳に取り組んだ。

一九四五年になり日系二世の兵役が許されるとまもなく、BC州の二世がオーストラリアの連合軍戦争委員会に派遣されることになった。ジョージ・ウザワ、ヒカリ・チック・

モリ、トム・ノリヒサ・トミヤマの三人である。ウザワは米国やカナダの日系二世が通っていた早稲田国際学院に留学した経験があり、トミヤマは小学校から高校まで日本で過ごした帰加二世だった。

三人は一九四五年五月にカナダ軍に入隊し、一か月の基礎訓練を受けたあと、メルボルンに送られた。情報省で日本からの放送を傍受し、その内容を英訳するのが当初の任務だったが、すぐにカナダ軍特別無線班の配属となった。

†東南アジアでの心理戦と終戦処理

日系カナダ人語学兵のほとんどは、カナダ諜報部隊の構成員として東南アジア司令部に派遣された。

一九四五年三月、モリソンが集めた最初の二世グループ一二人が軍服に身をまといトロントをあとにした。英国経由でインドに到着し、プネーでフォース136の訓練を受けた。その後、カルカッタで日本語能力を査定され、東南アジア翻訳尋問センター（SEATIC）の各分遣隊に配属された。そして、セイロン、ラングーン、シンガポールなどで日本兵に向けたラジオ放送のためにニュースを日本語に翻訳して読み上げたり、カルカッタで対日心理戦への協力に同意した日本人捕虜一二人の対応に携わったりした。

一九四五年四月、モリソンが採用した二世の残り二三人がやはり英国経由でインドに向かった。しかしカルカッタでは、すぐに役立てる日本語力を有する者は五人のみと判断された。彼らには現地で他の兵士たちに日本語を教える、あるいはボンベイで英軍諜報部隊の言語官となるなどの任務が与えられた。同時期に、S-20からも白人の卒業生一〇人が東南アジア司令部に送られており、語学将校として二世を含む言語班の監督をすることもあった。

戦争が終結したあとでも、S-20で訓練を受けた最初の二世語学兵グループや白人の語学将校が東南アジア司令部に派遣された。一九四五年一〇月には一八人(うち二世は五人)、一九四六年一月に二二人(うち二世は一九人)のS-20卒業生がインドに向かった。その前から派遣されていた言語官と合わせると、合計七〇人あまりが東南アジアでの任務についたことになる。

彼らは、クアラルンプール、シンガポール、サイゴン、ラングーン、バタビアなどで、日本軍の武装解除と情報収集、民間日本人の収容と引揚の手続き、日本人向けの通信などで通訳や翻訳を行った。

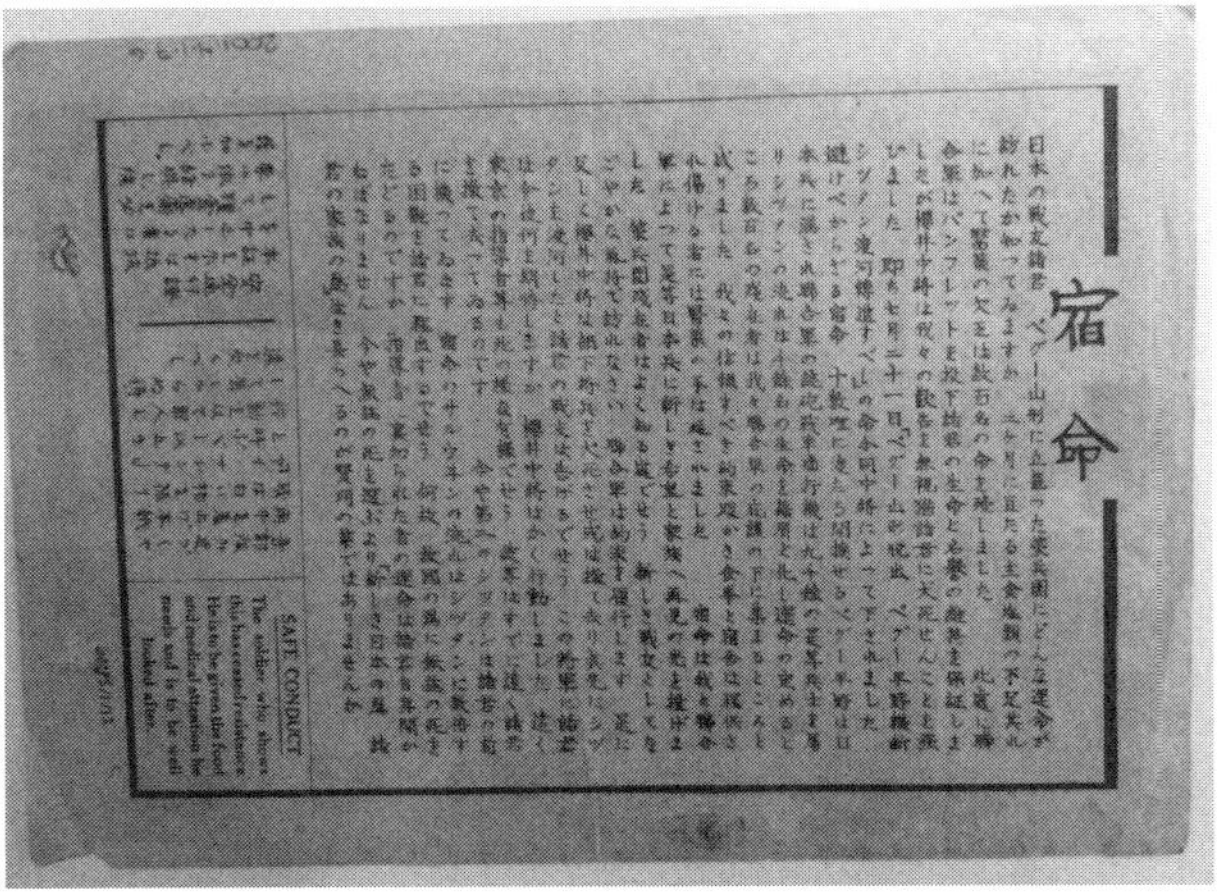

対日宣伝ビラには「吾部隊が近づくや両手を差上げ本紙或は白い物を振り「アイ・サレンダー」と叫ぶべし。以上の行動を以て軍人として辱しからぬ待遇を受くべし」と書かれている

その際、戦前カナダで知り合いだった人物と偶然再会した二世語学兵たちがいた。たとえば、第一期モリソン・グループの一員だったシド・サカナシは以前バンクーバーで働いていた食料雑貨店の客だった有賀千代吉とシンガポールで再会した。

有賀は一九二〇年、立教大学を卒業後、満鉄に入社するも、カナダに移住。ブリティッシュ・コロンビア（BC）州ヘネーで日本語学校の校長をしていた。真珠湾攻撃の翌日、有賀は危険な敵性外国人として拘束され、のちにアングラー捕虜収容所に送られた。

一九四三年の第二次日米交換船で二二年間暮らしたカナダを離れ、妻と三人の娘とともに日本へ向かう途中、寄港したシンガポールで通訳官や教師を探していた日本軍から強い要請を受け、下船した。シンガポールでの生活は苛酷で、カナダ生まれの娘たちは憲兵に監視されていた。三女は病死し、妻も病気になるという悲劇を経て終戦を迎え、有賀は妻子とは別のジュロン収容所に収容されていた。英軍が戦犯容疑者を探すために日本人収容者を集めた時に、有賀はサカナシと再会したのだった。

当時、シンガポールにはサカナシの他に四人のカナダ人二世語学兵がおり、有賀と旧交を温めた。同収容所内の日本人の中には、連合軍のために働く二世を批判する声もあったが、有賀は二世の立場を理解し、擁護しようとした。その後、有賀は日本に引揚げ、英占領軍本部で通訳の仕事をした後、立教小学校の創設に尽力し、第三代校長となった。

†日本占領におけるカナダ人言語官

戦後の日本における占領行政において、少数ではあるが、英連邦軍の言語官として働いたカナダ人がいた。東京と横須賀のほか、英軍や豪軍が担当していた中国・四国地方において、主に日系二世語学兵が地元住民とのやりとりを通訳したり、占領軍施設の職を求める日本人の面接などを担当したりした。

タダシ・オデは東京に着任した唯一の日系カナダ人二世で、東京裁判の国際検察局で一二〇人ほどいた日本人翻訳者の監督業務に関わった。

カナダにおける日系人排除の政策は、終戦で日本が敗戦国となった後も続いていた。カナダ政府は日系人の財産を没収し、ロッキー山脈以東への「再定住」または日本への「送還」のどちらかを選ぶよう日系人に命じていた。結果、一九四六年五月から一二月までの間に、四〇〇〇人近い日系人が日本に「送還」された。そのうち半分はカナダ生まれの二世でほとんどが未成年者だった。

英連邦占領軍で働いていた二世語学兵の中には、「送還」された日系人が横浜に到着するのを迎えに行き、行く末を懸念する者もいたという。実際、連合軍による占領政策のさまざまな局面で常に通訳者が不足していたため、カナダから到着した日系人が占領軍で語学力を活かせる職を見つけることもあった。

†BC級戦犯裁判での通訳と翻訳

英軍はアジア各地で戦犯裁判を行ったが、法廷通訳を務めるほどの日本語能力を有する日系カナダ人二世はいなかった。戦犯裁判におけるカナダ人二世語学兵の主な仕事は、戦争犯罪調査や証人に対する裁判前尋問での通訳、裁判で提出される証拠書類の翻訳、法廷通訳のモニターなどであった。

香港の英軍戦犯裁判では、ロイ・イトウとフレッド・ノガミという二人の二世語学兵のほかに、S－20卒の中国系カナダ人、白人の監督などから成る言語官チームが仕事をしていた。イトウは、法廷で民間の日本人や中国人が行う通訳をモニターし、正確性や公平性をチェックしていた。誤訳が多すぎて通訳官が交代になったり、緊張のあまり失神した通訳官がいたりしたという。イトウはまた、裁判で使用される証拠書類の翻訳にも関わったが、日本語力が弱いため英日翻訳に苦労した。その他、収容されている日本兵の尋問や手紙の検閲も行った。

ノガミもイトウも、戦争犯罪の調査に通訳官として参加し、調査隊が証拠を求めて墓穴を掘り起こした際も同行した。さらに、通訳官として戦犯の絞首刑に立ち会うことも仕事の一部だった。

†カナオ・イノウエの裁判

イトウとノガミは、同胞であるカナダ人日系二世が被告人となった香港の戦犯裁判にも関わった。被告人のカナオ・イノウエは、戦争犯罪で初めて起訴されたカナダ人であり、カナダ史上、国家反逆罪で絞首刑となった二人のうちの一人である。イノウエの人生と一世である父親の人生はあまりに対照的である。カナオの父トウは第一次世界大戦中、ヨーロッパで義勇兵として戦い負傷した英雄で、カナダ政府からメダルも授与されていた。

カナオ・イノウエは一九一六年BC州で生まれた。カナオの漢字表記は「神奈雄」で、父親の出身地である神奈川県とカナオが生まれた加奈陀にちなみ、日本とカナダの橋渡し的役割をしてほしいという両親の願いが込められた名前だったという。

一九二六年、父親のトウが日本に里帰り中、急病で亡くなった。一九三五年、トウの父親（井上篤太郎・京王電気軌道＝現京王電鉄創業者）は孫のカナオを心配して日本に移住させた。イノウエは早稲田国際学院で日本語を学び始めたが、まもなく中退。この時期、イノウエはスパイ容疑で憲兵隊に拷問され、それが原因で肺の病を長らく患ったとされている。

一九三六年に日本軍に徴兵されるも、病気のため除隊。一九四二年に軍属の通訳官として再び徴兵され、香港に送られた。そこでカナダ兵が多く収容されていた捕虜収容所で通訳をした。一九四四年除隊となり日本に戻ったが、中国人の恋人のいる香港に再び渡り、憲兵隊に通訳官として雇われた。終戦後、イノウエは戦犯容疑者として逮捕された。

一九四六年五月に行われた英軍戦犯裁判で、イノウエは連合軍捕虜（主にカナダ人）と地元住民を虐待し、拷問したという罪に問われた。上官の命令に従ったのみという抗弁は通用せず、死刑判決を受けた。

すると、イノウエはカナダ国籍（正確には英国籍、カナダの市民権）を持っていることを理由に裁判の無効を訴えた。結果、判決は無効となったが、今度は、英国臣民として国家反逆罪の裁判を受けることとなった。一転、イノウエは日本国籍を有していることを主張し、またカナダで受けた差別と偏見についても証言したが、最終的には死刑判決を受けた。

一九四七年八月、絞首刑が執行された。

イトウとノガミは、被告人側がカナダにおける日系人差別を主張した場合に、証言をしてほしいとカナダ人将校から依頼されていた。最終的に、彼らが証言することはなかったが、香港にいたカナダ人二世語学兵たちはイノウエに対し同情的で、カナダ政府が二世をカナダ人ではなく日本人として扱い、強制収容所に送っていたにもかかわらず、国家反逆罪を持ち出すことの矛盾を感じていた。

しかし、これを法廷で証言すれば、日系カナダ人全体にとって不利益になってしまうとも考えた。イノウエ裁判がカナダで行われたら、死刑という厳しい判決は出なかったかもしれないが、日系カナダ人は長きにわたって、さらなる虐待と憎悪の的になるだろうとイトウたちは思ったのだった（Ito, 1984）。

†戦後の二世語学兵の地位

戦地で自分の両親が生まれた国の兵士を敵とし、尋問をしたり、プロパガンダ放送で呼びかけたりすることに、二世語学兵たちがどのような感情を抱いていたかは個人差があり、一般化できないだろう。しかし、同胞である日系人を収容した捕虜収容所に通訳官として派遣された二世が厳しい状況に置かれたことは想像に難くない。

S-20から最初に卒業した二世の一人であるロイ・マツイは、一九四五年一〇月、「危険人物」とされる日系人七六六人（二世四七一人を含む）を収容するオンタリオ州のアングラー捕虜収容所での任務を命じられた。当時、日系人に対し不当な扱いをしてきたカナダ政府の軍隊に自分たちの息子が入隊し日本と戦うことに反対した一世は多かったという。そうした中、軍服を着たマツイが、終戦後も捕虜として収容され続けている一世に対応しなければならないという極めて複雑な状況がそこにはあった。

二世語学兵は、その言語能力のために連合軍の諜報活動において必要不可欠な活躍をしたにもかかわらず、戦争中、将校に昇進することはできなかった。しかも、退役の際、社会的認知や福利厚生の面で有利となる「名誉除隊」の証明書を交付してもらえなかった。結局、カナダに帰国しても彼らの地位は何も変わらなかったのだ。

連合軍の勝利にどれほど貢献しようと、二世語学兵は他の日系人と同様、引き続き日系人登録証明書の携帯が義務づけられ、選挙権や自由に移動する権利を得るには一九四七年まで待たねばならなかった。

†S‐20白人卒業生のその後

S‐20ではカナダ陸軍婦人部隊の構成員を含む九〇人近い白人が日本語を学んだ。その中には、米国のボルダー・ボーイズや英国のダリッジ・ボーイズのように、戦後、各方面で活躍した人物がいる。

たとえば、一九四五年四月に東南アジア司令部に派遣されたアーサー・エリクソンは有名な建築家となった。また、一九四五年一月からPACMIRで日本語文書の選別業務などに就いたジュディ・ラマーシュはカナダ史上二番目の女性閣僚として厚生大臣などを務めた。さらに、一九四五年一〇月に東南アジア司令部に派遣されたチャールズ・マゴーヒーと一九四六年三月にPACMIRに派遣されたジェームズ・マッカードルは外交官となり、大使級の職まで上り詰めた。

終章

戦争と言語

これまで、太平洋戦争における対日諜報戦で日本軍の捕獲文書の翻訳や捕虜の尋問、プロパガンダ活動に携わった言語官を米国、英国、オーストラリア、カナダがどのように動員し、養成したか、また言語官が具体的にどのような任務に就いたのかについて概要を述べてきた。その中で、各政府や軍組織が日本語言語官に対してとった態度や方針を特徴的に示す出来事や、言語官のさまざまな教育的、社会的背景を代表するような人物についても触れた。各国の状況を比較し検討すると、諜報活動における言語的側面の重要性、また、それを担う言語官についてさらなる考察を加えるべき点が浮かび上がる。

†言語官は諜報戦の主役

まず、太平洋戦争中、米国、英国、オーストラリア、カナダはいずれも、戦争遂行のために敵である日本軍の状況や作戦などの情報を収集し分析することの重要性や、それを可能にする日本語要員の必要性については理解していたといえる。

傍受した日本語通信の解読と翻訳、捕獲した日本軍文書の翻訳、日本人捕虜の尋問などを通して得られる情報に基づいて、連合軍が作戦を立て、戦闘を有利に遂行した事例については前述のとおりである。

言語官たちは、心理戦でも日本語の知識を発揮した。日本兵の投降や戦意喪失をねらったビラ作りやラジオ放送では、日本人の心理や文化に配慮した日本語の作文能力が必要だったのだ。このように、諜報活動のさまざまな分野で必要不可欠だった日本語の知識やスキルを有する言語官は、いわば諜報戦の主役だったといえる。

しかし、言語官養成の開始時期や規模については各国で状況が異なった。

米軍と英軍は二〇世紀初頭から、新たに台頭する帝国主義勢力としての日本を意識して、日本語に長けた語学将校を養成するための日本留学制度を設けていた。しかし、この制度が生み出した語学将校の総数は、太平洋戦争が勃発した時点で、米軍で約三〇人、英軍で約八〇人と決して多くはなく、退役したり開戦時に捕虜になったりした者もいたため、戦時の諜報活動を担う言語官の数は絶対的に不足していた。そこで米陸軍は、日本語の知識がすでにある日系二世、特に、日米両国で教育を受けた帰米二世を動員した。また、日系人を排除していた米海軍は、有名大学の優秀な学生を集め、大学機関を使って言語官養成を始めた。一方、米国のような日系人コミュニティのない英国では、厳選した軍人や学生を相手に特定目的を果たせる言語官を大学内外で効率良く養成しようとした。

また、オーストラリアは日本語言語官の重要性を認識しながらも、軍や大学の日本語プログラムでの経験不足などから意思決定に時間がかかり、言語官養成に出遅れてしまった。

カナダの場合、当初ヨーロッパ戦線に集中していたこと、また、日系人を激しく排斥する国内の政治状況があったことから、日本語言語官の養成がさらに遅れた。米国ほどの規模ではないが、カナダにも日本で教育を受けた帰加二世を含む日系二世コミュニティはあった。にもかかわらず、国内の政治的理由から、カナダ政府は終戦の年まで二世語学兵の動員を許可しなかったのだ。

つまり、戦前における語学将校養成や大学での日本語教育の経験と実績、日系人コミュニティの有無、国内の政治状況などが影響して、太平洋戦争時の日本語言語官養成に対する各国のアプローチに違いが出たといえる。

†帰米二世と引揚者

激しい戦争が続き、捕虜や捕獲文書に対応できる要員が圧倒的に不足する中、日本語言語官をできるだけ速く養成し、配備するためには、有能な教師と厳選された訓練生が必要だった。本書で扱った連合軍の日本語担当官の中でもっとも効果的な働きをしたのは、九州学院で学んだトーマス・サカモトやダイ・オガタのような帰米二世だろう（序章と第一章を参照)。帰米二世の多くは日本で天皇崇拝の軍国主義教育を受けた経験があるために、二世の中でも、米国への忠誠心を最も疑われるグループだった。また、強制収容所の中から語学兵や教師に志願した帰米二世は少なく、カナダの帰加二世にいたっては、そうした志願兵はごくわずかだった。

しかし、志願に至った帰米二世たちは、個人差はあるものの、日米両国で教育を受けた経験に基づき、日英のバイリンガル能力があるだけでなく、日本の文化や慣習に馴染みがあり、草書も読める人材として、諜報活動や日本語の指導で最大の貢献をしたといえる。

帰米を含む二世語学兵に続いて、連合軍の対日諜報戦でもっとも役立ったと思われる言語官グループは、開戦直前の引揚船や開戦後の交換船で日本から引揚げてきた日本在留外国人だろう。引揚者には貿易商などビジネス関係者もいたが、多くは宣教師とその家族で、カナダ、オーストラリア、米国へと帰国あるいは移住し、日本語能力があれば、ただちに日本語学校の教師や言語官として採用された。

オーストラリアに到着し、言語官の仕事を始めた者の中にはジョン・シェルトンやバビエ親子のような「無国籍」者もいたが、日本語能力があったがために、軍の重要な仕事に就くことができたのだった。将校への昇進がなかなか許されない日系二世の語学兵たちを指揮する白人語学将校を懸命に探していた連合軍にとって、日本からの白人引揚者は願ってもない助けとなった。

日本人を相手に宣教活動をしていた外国人教会関係者が、帰国するやいなや、日本を敵とする軍隊で日本語を使った任務に就いたという事実をどう理解するかについては、個々のケースを見ながら検討するほかないだろう。

たとえば、カナダ陸軍日本語学校（S－20）の校長を務めたアーサー・マッケンジーがS－20卒業記念文集の中で記した訓練生への呼びかけなどを見ると、日本や日本人に対する憎しみや批判などは皆無で、「このような訓練がカナダのアジアとの関係や問題解決に貢献する、日本語と日本文化についての知識は重要」という旨の内容になっている。退役するとすぐに関西学院に復職したことを考えても、マッケンジーが日本に寄せていた思いは戦中も変わらなかったことが想像できる。

S－20の運営に尽力したのは、目の前に与えられた仕事を誠実にこなそうとしていただけのことかもしれない。しかし、同じ教会関係者でも、牧師の小平尚道のように米海軍日本語学校で教鞭をとるなどの戦争協力の誘いをすべて断り、収容所に残った者もいる。聖職者や教会関係者の戦争への関わりは、マッケンジーと小平の例などに言及しながら政治的、社会的、人種的側面から検討することができるだろう。

速習プログラムの効果

帰米二世や日本からの引揚者のほかにも、各軍組織の日本語プログラムの立ち上げ、運営、指導において重要な役割を果たした言語官たちがいる。戦前日本に留学した経験のある米軍や英軍の語学将校だ。

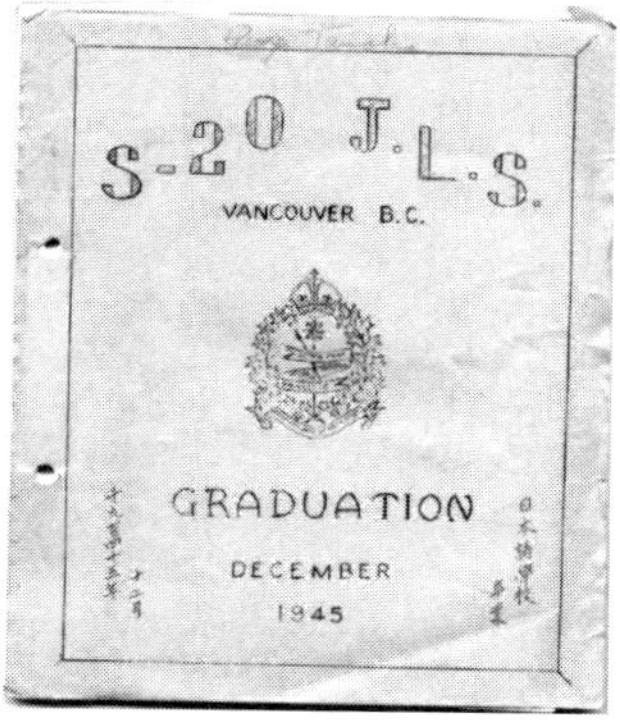

S-20の卒業記念文集

彼らは自らの経験から、日本語がいかに難しい言語であるかを理解していたし、英外務省や豪国防省も日本語の習得には少なくとも三年の日本留学が必要だと明言していた。しかし、翻訳すべき文書や尋問すべき捕虜が増え続ける切羽詰まった状況で、各軍組織は、自国内で初心者を対象に六―一八か月で日本語を速習させ言語官として送り出すというかなり無理のあるプログラムを展開せざるをえなかった。

日本語にほとんど接したことのない者に対し、現場で役立つ「生きた」日本語を短期で身につけさせることには限界がある。こうしたプログラムの卒業生が言語官としての要件を質的にも量的にも十分に満たせず、結局、米軍の二世語学兵に頼っていたことは前述のとおりである。しかしその中にあって、英国のプログラムなどがある程度の暗号解読や翻訳のできる要員を少人数でも生み出せたことは注目に値する。そうした成功事例には三つの背景要因があると思われる。

まず、訓練生が厳選されていたことがある。米海軍の日本語学校では、一流大学出身の成績優秀者で語学好きの訓練生が集められた。一方、英国ベッドフォードの暗号解読学校では、オックスフォード大学やケンブリッジ大学で西洋古典学を学んだ学生や軍人が選ばれた。「死語」と呼ばれるラテン語や古典ギリシャ語の文法を学び、文献を読解し翻訳する訓練を受けた者は、日本語という全く未知の言語にも同様のアプローチで臨み、パズルを解くように読解、翻訳することができると思われたのかもしれない。

第二に、諜報活動における特定の目的に焦点をおいた集中訓練が行われた点に注目すべきだ。特に、英国においては、大英帝国の植民地支配に必要な行政官や外交官などに言語訓練を施してきた経験に基づき、軍事における特定目的に絞った効率的な訓練が行われたと考えられる。ロンドン大学東洋アフリカ研究学院（ＳＯＡＳ）で翻訳官と尋問官の養成を別個のプログラムで行ったのも、「選択と集中」を狙ってのことだった。しかし、これでは現場のニーズに応えられず、結局二つのプログラムは統合された。一方、暗号の解読と翻訳の訓練だけに特化したベッドフォードの日本語学校は、六か月もしないうちにある程度の結果を出し、それに驚いたＳＯＡＳや米国から照会を受けたほどだった。暗号解読専門の部署への配備を前提に、日本語の会話力や聴く力は無視し、語彙や文体の幅も限られた特定の範囲の文書だけを扱うことで、短期訓練でも成果があがったのだと考えられる。

最後に、訓練生が休む間もなく奮闘努力したことにも言及すべきだろう。国を問わず、諜報活動のための言語官を短期養成する日本語プログラムでは、ほぼ毎日朝から晩まで長時間にわたる授業と自習が課され、試験も頻繁に行われた。詰め込み式の特訓でノイローゼになったり授業についていけなかったりして落伍する者も少なくなかった。程度の差こそあれ、卒業後に言語官として機能できたのは、日本語習得に対する相当の献身と努力があってのことだったことは、彼らの回想録やインタビューから読み取れる。

†人種主義との戦い

二世語学兵は対日諜報戦で重要な役割を果たし、戦後、その功績に対し政府からメダルが授与されるほどだったが、自分たちを動員した軍隊の中で差別や偏見に晒される経験もした。二世は米軍内で完全には信用されておらず、白人将校の監視下におかれ、信号関係の仕事や特定の建物から排除されることがあったのだ。また、終戦近くになるまで、どれほど活躍しても将校に昇進できないという差別的待遇を受けた。

終戦の年である一九四五年になっても、二世が米軍内で屈辱的な経験をさせられることがあった。それは戦争省が、ヨーロッパの戦争終結で帰還した米兵を太平洋戦線に再配備するために、日本兵と戦うシミュレーションを用いた訓練を実施した時のことだ。

シミュレーションで現実感を出すために、二世が米陸軍情報部語学学校（ＭＩＳＬＳ）から動員され、日本兵の役を演じるよう命じられたのだ。二世語学兵は米軍の成員としてさまざまな功績をあげてきたにもかかわらず、いまだに道具のように使われ、アメリカ人としての扱いを受けていないと憤り、抗議する声が二世から発せられた。

「勇戦」「激闘」などの言葉とともに語られ、米軍史上もっとも勲章を受けた部隊として有名な第四四二連隊戦闘団がヨーロッパから帰還した際、トルーマン大統領は「諸君は敵のみならず偏見とも戦い勝利した」と二世兵士たちを讃えたが、二世語学兵たちも同様に米軍内の人種主義と戦わなければならなかったのだ。

一方、カナダの日系二世は兵役入隊を許されたのが一九四五年のことだったため、二世語学兵が実際に活動した期間と範囲はかなり限られており、その記録や回想録なども米軍の二世語学兵と比べて少ない。しかし、ロイ・イトウによると、少なくともイトウのまわりにいた二世語学兵の間では、二世が将校へ昇進できず、自分たちより日本語力の低い白人将校の指揮下に置かれて不満に思っていたという（Ito, 1984）。

また、カナオ・イノウエ裁判についてはカナダ政府の偽善に批判的な態度を持ちながら、カナダ本国にいる同胞を気遣って何も公言しない、といった状況があった。カナダにおける激しい日系人排斥は戦後も簡単には解消されなかった。それは、一九四六年、カナダ生まれで日本を訪れたこともない二世も含めて四〇〇〇人近い日系人が日本に「送還」されたことや、カナダに戻った日系語学兵たちの法的地位がまったく変わらず、以前と同様に、移動の自由や投票権が認められず登録証の携帯を義務づけられたことに表れている。

現在、外国人排斥や人種・宗教による差別や偏見が世界各地で広がりを見せる中、その対極として、移民に寛容な多文化社会というイメージさえもたれるカナダに、二世語学兵や日系人一般が経験した人種主義の歴史があったことに注意を向けたい。

†継承語話者の複雑な問題

戦争遂行のための諜報活動で、敵側の言語が学習者の少ない「マイナー言語」である場合、もっとも即戦力があり効果的な働きができる言語官は、その言語を母語とする移民や移民の子どもである継承語話者かもしれない。生活の中で「生の」言語に触れることで身につけた言語運用能力や文化、慣習、思考に対する理解は、諜報活動のあらゆる場面で大いに役立つ可能性があるからだ。

太平洋戦争では、日系アメリカ人二世、日系カナダ人二世が継承語話者の語学兵としてそうした可能性を発揮した。しかし、二世語学兵の経験でもわかるように、継承語話者が言語官として諜報活動に携わる場合、主に三つの問題に直面すると思われる。

まず、継承語話者の「信用」をめぐる問題がある。太平洋戦争の諜報戦で大きな貢献をした帰米二世はその言語能力の基礎となった日本での教育や経験ゆえに、米軍内でも偏見の目で見られ、スパイ行為がないか監視されることもあった。戦後の東京裁判においても、日本人法廷通訳者による訳出をモニターしていた帰米二世たちを白人米軍将校がモニターする仕組みが作られた。また、帰加二世も、家族を含む徹底的な身元調査に合格してはじめてカナダ軍への入隊が許されたのだった。こうした信用の問題は、太平洋戦争中の日系二世に限らず、今日の戦争や紛争、諜報活動で特定の国や宗教に関係する継承語話者の言語官が直面する課題でもある。

次に、継承語話者の言語能力レベルが一様でないということに注意を払うべきだろう。二世だからといっても、皆がすぐに言語官になれるほどのバイリンガル能力を持っているわけではない。米軍が当初調査した二世の中で言語官として役立つあるいは訓練できそうな者たちはわずか一割にすぎなかったという。帰米の中でも、日本と米国で教育を受けた時の年齢、期間、学校のレベルによって、そのバイリンガル能力は異なる。場合によっては、日本語は母語話者レベルだが、英語力が低すぎることもある。日系二世のような立場の人たちを継承語話者と一括りにして論じることには注意が必要だろう。

最後に、戦争で言語を使う任務に就く継承語話者が抱えるかもしれないアイデンティティの問題や心理的な負担について触れたい。

二世語学兵たちは、家族や友人を敵性外国人として強制収容所に収容し続ける米国政府やカナダ政府に動員され、両親の祖国である日本を敵として戦い、同時に軍組織内の差別や偏見とも戦わなければならなかった。収容所にいた一世の中には、自分たちを苦しめてきた政府の軍隊に二世が語学兵として志願することに反対し、日本軍に捕まれば裏切り者として拷問あるいは殺害されるかもしれないことを心配する者もいた。

こうした複雑な状況の中、二世が自分のアイデンティティについて葛藤することもあっただろう。また、二世語学兵たちは自分のルーツに深く関わる言語と文化に日常的に対峙する任務についていた。死んだ兵士の日記や手紙を翻訳するとき、原爆被害の調査で通訳するとき、彼らが心理的に厳しい経験をしたことはインタビューなどで示されている。継承語話者の直面するアイデンティティの問題や心理的負担は現代の戦争や紛争にも通じる複雑で困難な問題である。

†日本語プログラムの遺産

戦時の日本語プログラムが残した「遺産」としては、まず卒業生たちの戦後の活躍がある。前述のように、ボルダー・ボーイズ（米海軍日本語学校の卒業生）、ダリッジ・ボーイズ（SOAS戦時日本語プログラムの卒業生）など、連合軍の戦時日本語プログラムで訓練を受けた卒業生の中には、戦後、外交、ビジネス、学術、文化などさまざまな領域で日本専門家として活躍した者がいた。エドワード・サイデンスティッカー、ドナルド・キーン、オーティス・ケーリ、ロナルド・ドーア、ジョン・マックエバン、パトリック・オニール、チャールズ・ダン、ダグラス・ミルズ、ピーター・パーカー、ヒュー・コータッツィなどである。彼らは米国や英国の大学における日本研究の確立、外交やビジネスにおける対日関係、日本文学の国際的普及などで大きな貢献をした。

特に、SOAS戦時日本語プログラムは他のどのプログラムよりも多くの日本研究者を輩出したことを指摘しておきたい。ケンブリッジ大学名誉教授の日本学者ピーター・コーニツキは、一九四二年から四六年の五年間で、九〇年代に至るまでのどの五年間よりも多くの人が英国で日本語を学んでいただろう、と述べている (Kornicki, 2016)。戦争が語学発展の拍車になったということだ。

カナダ軍や豪軍の日本語学校は戦後閉鎖されたが、MISLSは一九四六年カリフォルニア州モントレーに移転し、その後、国防総省の指揮下で国防語学学校 (Defense Language Institute, DLI) として再出発した。DLIでは日本語だけでなく他の言語の訓練も行われるようになり、冷戦時代は、ロシア語、中国語、韓国・朝鮮語、ドイツ語に、また、九・一一同時多発テロ事件以降はアラビア語、ウルドゥー語、パシュトゥ語などに重きが置かれた。現在は一七言語を扱っており、約三五〇〇人の軍人が二六―六四週間の訓練を受けている。また、SOASは戦後期も国防省と外務省のための特別な日本語プログラムを提供し、それが同校の日本語プログラム全般や日本研究の発展につながった。

こうして、戦時中に応急的に作られた軍事目的の日本語プログラムから著名な日本研究者や日本とつながりを持つ外交、政治、ビジネス分野の主導者が生まれたことは肯定的な「副産物」として捉えられるだろう。また、戦時日本語プログラムでの経験をもとに、米国で諜報活動における多様な言語要員を長期的に養成する体制が整備されたことも、国防関係者にとっては好ましい進展だったと考えられる。

✝今後の研究

太平洋戦争では、捕獲した日本軍文書の翻訳、日本人捕虜の尋問、日本軍暗号の解読を通した情報収集の成果が連合軍の勝利に大きく貢献した。

そうした活動を支えた日本語担当官がどのように動員、訓練されたのか、また、どのような任務につき、軍組織内でどのような扱いを受けたのかを理解することは、太平洋戦争における諜報戦の詳細を掘り起こす意味で重要であるだけでなく、諜報活動一般における言語担当官の役割や課題を検討する上で有用だと考える。そこには、人種、移民、階級の問題や、言語政策、継承語話者のアイデンティティと信用の問題など、さまざまな社会的、政治的、文化的要素が関わっており、戦争と言語という主題について多角的な視点から検討する機会につながる可能性がある。

通訳・翻訳行為は諜報、戦闘、休戦交渉、占領など戦争のあらゆる局面で発生しうる。実際のところ、現在、米国政府機関の中で国防総省は翻訳通訳業者の最大の利用者であり、二〇一七年、言語サービスに対する政府支出総額（約五・六億ドル）の五〇％を占める約二・八億ドル（同年末レートで約三一五億円）を費やしている。翻訳通訳業務に対し、DLIで訓練を受けた言語担当官を使うだけでなく、外部委託までして対応しているということだ。

また、DLIで重きをおかれる言語は世界情勢とともに変化しており、米国の安全保障戦略を反映するものとして注意を向ける価値があるだろう。ちなみに現在DLIでは中国語が最大のプログラムとなっている。今後、諜報研究において言語的側面も含めた考察が発展することに期待したい。

本書では、太平洋戦争中、日本軍や外務省などで翻訳や通訳など言語関係の仕事に携わった日系二世（九州学院を卒業した竹宮帝次や和田隆太郎など）についてはほとんど触れなかった。このテーマについては、今後、太平洋や大西洋をまたぐ日系人の移動とその背景要因の検討、また、連合軍内の日系二世の状況との比較といったアプローチから研究を続けたい。その中で、戦争における二重国籍者の問題や戦犯となった日系二世通訳官といったテーマにも取り組むべきだと考える。

また、日本を引揚げた外国人教会関係者が、戦争中は連合軍の諜報活動に、戦後は日本占領活動に関わった状況もさらなる考察を加えるべきテーマだろう。占領軍のさまざまな組織で翻訳者や通訳者として働いた日本人にキリスト者が多かったことも含めて、今後検討していきたい。

最後に、現在の戦争・紛争地で活動する通訳者や翻訳者、また、国家安全保障戦略の一環としての言語官養成の現状について、太平洋戦争中の対日言語官の事例に照らしながら検討することも必要と考える。本書で扱えなかったソ連や中国での日本語言語官の動員や養成についての考察は、該当言語の専門家による研究に期待したい。

（本研究はＪＳＰＳ科研費 17K02988 の助成を受けたものです）

参考文献

【複数の章に関わるもの】
武田珂代子『東京裁判における通訳』みすず書房、2008/2017年
Densho Digital Repository. https://ddr.densho.org/
Funch, C. (2003). *Linguists in Uniform.* Japanese Studies Centre, Monash University.
General Headquarters, Far East Command (1946). *Operations of the Allied Translator and Interpreter Section, GHQ, SWPA, Intelligence Seriece, vol. 5.* The James. C. McNaughton Collection, The Historic Records Collection (Archives) of the Defense Language Institute Foreign Language Center. Seaside, USA.（以下、The McNaughton Collection とする）
McNaughton, J. C. (2006). *Nisei Linguists: Japanese Americans in the Military Intelligence Service during World War II.* Washington, D. C. : Department of the Army.
Military Intelligence Service Research Center. https://www.njahs.org/misnorcal/timeline/timeline.htm
Ito, R. (1984). *We Went to War.* Stittsville, ON: Canada's Wings.
S-20 J. L. S. Graduation (1945, December). The Roy Ito Collection at the Nikkei National Museum and Cultural Centre, Burnaby, Canada.（以下、The Ito Collection とする）
S-20 Japanese Language School (1946, May). The Ito Collection.

【序章】
九州学院百周年記念史編纂委員会『九州学院百年史　九州学院とその時代』九州学院、2012年
物部ひろみ「熊本県における日系二世の留学」吉田亮編著『アメ

リカ日系二世と越境入学――1930年代を主にして』不二出版、2012年
「戦ふ軍国の二世」『朝日新聞』1943年1月15日
テレビ熊本「百年の想い 世代を超えて 敬天愛人のもと・今、明かされる九学百年ドキュメント」2011年12月24日放送
Azuma, E. (2005). *Between Two Empires: Race, History, and Transnationalism in Japanese America*. Oxford: Oxford University Press.（東栄一郎著、飯野正子監訳〔2014〕『日系アメリカ移民 二つの帝国のはざまで――忘れられた記憶 1868-1945』明石書店）
Meiji University's baseball team will invade Hawaii (1941, June 6). *The New WORLD-SUN Daily*. The Hoji Shinbun Digital Collection, Hoover Institution Library & Archives.（以下、HSDC とする）
Nisei Club in Japan Hold Football Game (1939, November 7). *The New WORLD-SUN Daily*. HSDC.
"Ogata, Dye" file. The McNaughton Collection.
"Sakamoto, Thomas. T." file. The McNaughton Collection.

【第1章】

河路由佳『日本語学習・教育の歴史』東京大学出版会、2016年
キーン、ドナルド（編）・松宮史朗（訳）『昨日の戦地から』中央公論新社、2006年
小平尚道『アメリカ強制収容所』フィリア美術館、2004年
村川庸子・粂井輝子『日米戦時交換船・戦後送還船「帰国」者に関する基礎的研究：日系アメリカ人の歴史の視点から』トヨタ財団、1992年
中田整一『トレイシー　日本兵捕虜秘密尋問所』講談社、2010年
山本武利（編訳）・高杉忠明（訳）『延安リポート　アメリカ戦時情報局の対日軍事工作』岩波書店、2006年
山本武利『GHQ の検閲・諜報・宣伝工作』岩波書店、2013年
Dower, J. (1986). *War Without Mercy: Race and Power in the*

Pacific War. New York: Pantheon.（ジョン・ダワー著、斎藤元一訳〔2001〕『容赦なき戦争——太平洋戦争における人種差別』平凡社）
Hayashi, B. M. (2004). *Democratizing the Enemy*. Princeton: Princeton University Press.
Joint Intelligence Center, Pacific Ocean Areas (1945, October 15). "Report of Intelligence Activities in the Pacific Ocean Areas." The McNaughton Collection.
Kitagawa, Kay I. Collection (1938-1944). Hoover Institution Archives.
Provost Marshal General's Office (1942-1944). History of Military Government Training. 国会図書館憲政資料室
Reischauer, A. C. から小平尚道への手紙（1943年１月16日）、小平尚道資料、立教大学図書館
Slesnick, I. L. & Slesnick, C. E. (2006). *Kanji & Codes*. Self-published.
Swift, W. S. Jr. (2006). *First Class: Nisei Linguists in World War II*. San Francisco: National Japanese Historical Society.
University of Michigan. (n.d.). Memorial: Joseph K. Yamagiwa, *Faculty History Project*. https://www.lib.umich.edu/faculty-history/faculty/joseph-k-yamagiwa/memorial

【第２章】

「南方派遣軍に対する連絡事項」(1947)、田中宏巳編（2012)、『BC 級戦犯関係資料集』第３巻（338-339頁)、緑蔭書房
ニッシュ、イアン編、日英文化交流研究会訳『英国と日本 日英交流人物列伝』博文館新社、2002年
大庭定男『戦中ロンドン日本語学校』中央公論社、1988年
戦犯事務室「シンガポール戦犯法廷通訳派遣手続きに関する件」1947年７月26日、田中宏巳編（2012)、『BC 級戦犯裁判資料集』第５巻（12-13頁)、緑蔭書房

Best, A. (2002). *British Intelligence and the Japanese Challenge in Asia, 1914–1941*. Basingstoke & New York: Palgrave Macmillan.

Brown, I. (2016). *The School of Oriental and African Studies*. Cambridge: Cambridge University Press.

Cortazzi, H. (Ed.). (2002). *Britain & Japan Biographical Portraits*. Volumes Ⅱ, Ⅳ, Ⅴ, and Ⅷ. Japan Society Publications.

Cortazzi, H. & Kornicki, P. (Eds.). (2016). *Japanese Studies in Britain: A Survey and History*. Folkestone, UK: Renaissance Books.

Defendant: Itzuki Toshio. WO 235/834. The British National Archives, Kew, United Kingdom. (以下、BNA とする)

Hinsley, F. H. & Stripp, A. (Eds.). (1993/2015). *Codebreakers: The Inside story of Bletchley Park*. Oxford: Oxford University Press.

Kornicki, P. (2018). Frank Daniels' Report on the War-time Japanese Courses at SOAS. *Bulletin of the School of Oriental and African Studies, 81*(2), 301–324

Notes on ISSIS and Japanese NS Linguists and Courses. Historical notes on the training of linguists at the ISSIS in Bedford (1940–1945). HW 50/78. BNA.

Pizziconi, B. & Macnaughtan, H. (2016). *The SOAS Bletchley Girls*. https://blogs.soas.ac.uk/centenarytimeline/2016/04/14/the-soas-bletchley-girls/comment-page-1/

Provision of Japanese interpreters in time of war – list of British subjects capable as interpreters and possible evacuation of British subjects from Japan (1938). FO 371/22192/3926. BNA.

Provision of Japanese interpreters in time of war (1939). FO 371/25371/2580. BNA.

Study of Japanese Language and Language Officers in Japan

(1938). FO 371/22192/4200. BNA.
The wartime Bedford Japanese School (transcribed by Peter Kornicki). Churchill College, Archives, Churchill College, Cambridge. Tuck papers: Tuck 5/5. https://www.academia.edu/21720932/The_wartime_Bedford_Japanese_School_transcribed_by_Peter_Kornicki

【第 3 章】

永田由利子『オーストラリア日系人強制収容の記録』高文研、2002年
土屋礼子『対日宣伝ビラが語る太平洋戦争』吉川弘文堂、2011年
Allied Translator and Interpreter Section South West Pacific Area. Analysis of Linguistic Requirements. (1944, June 27). The McNaughton Collection.
Bavier, Charles Souza – re naturalization (1914–1947). NAA: A435, 1946/4/6468. National Archives of Australia, Canberra, Australia.（以下、NAA とする）
Bavier, John. NAA: B883, QX61571. NAA.
Fitzpatrick, G., McCormack, T., and Morris, N. (2016). *Australia's War Crimes Trials 1945–51*. Leiden & Boston: Brill.
Inagaki – Mowsey Moshi. NAA: A367, C73350. NAA.
Japan – Australia – Interpreter in Japanese Language for cases in Darwin Supreme Court concerning Japanese Luggers. (1937–1940). NAA: A981, JAP 113. NAA.
Jones, P. G. (1995). Norman B. Tindale. http://www.anu.edu.au/linguistics/nash/aust/nbt/obituary.html
McDonald, H. (2014). *A War of Words: The Man who Talked 4000 Japanese into Surrender*. University of Queensland Press.
Report in re Visit to Royal Australian Air Force Japanese Language School No. 3 School of Techinical Training, Ultimo, Sydney (1945, July 12). The McNaughton Collection.

Shelton John (formerly Shalfeiff Ivan). (1941-1946). NAA: A367, C63709. NAA.
Study of Japanese language in the services (1940). NAA: A5799, 5/1940. NAA.
University of Melbourne (n.d.) History: Early Beginnings. https://arts.unimelb.edu.au/e/century-of-japanese-language/history
War Crimes - Military Tribunal - HOSHIJIMA Susumu (1946). NAA: A471, 80777 PART 1. NAA.

【第4章】

飯野正子『日系カナダ人の歴史』東京大学出版会、1997年
横島公司「有賀千代吉資料」『立教学院史研究』10巻48-55頁、2013年
Adachi, K. (1976). *The Enemy that never was.* Toronto: McClelland and Stewart.
Canadian Japanese Recruiting, etc., Canadian Born Japanese, and Canadian Japanese Recruits. HSI/186, S.O.E. Far East: Japan No.118 (2), BNA.
Defendant: Inouye Kanao. Place of Trial: Hong Kong. WO 235/927. BNA.
Feir, G. D. (2014). *Translating the Devil.* Lulu Publishing Services.
LaMarsh, J. (1967). Text of a Speech Prepared for Delivery by the Secretary of State, Honorable Judy LaMarsh, to the Centennial Reunion of S-20 and Nisei Veterans, Toronto, October 7.
Ode, T. (1946, November 9). A report from Tokyo. *Link 2*(2). The Ito Collection.
Report in re. Visit to S-20 J.K.S., Pacific Command; With Observations on the Training of Personnel for Special Duties in the Canadian Pacific Force and Elsewhere (1945,

June 9). The McNaughton Collection.

Supreme Court of Hong Kong, Rex v. Inouye Kanao, Government Record Service, The Government of Hong Kong Special Administrative Region, Public Records Office, Hong Kong.

【終章】

Kornicki, P. (2016). A Brief History of Japanese Studies in Britain – from the 1860s to the Twenty-first Century, In H. Cortazzi & P. Kornicki (Eds.) *Japanese Studies in Britain* (pp. 3–40). Folkestone, UK: Renaissance Books.

USASPENDING.gov. https://www.usaspending.gov/Pages/Default.aspx

149頁　古野潔撮影（上）、著者撮影（下）
158頁　豪・国立公文書館（ウェブサイト）
159頁　豪・国立公文書館、NAA: B883, QX61571
161頁　豪・国立公文書館（ウェブサイト）

【第四章】
180頁　加・日系博物館、NMM（IC 2001/04/04/006）
185頁　英・国立公文書館、HS 8/91
188頁　加・日系博物館、NMM（BC 2010.53.11）
189頁　加・日系博物館、NMM（TC 2014.23.63）
195頁　加・日系博物館、NMM（IC 2001/04.01.007.006）

【終章】
211頁　加・日系博物館、NMM（TC 2014.23.45）

写真の出典

【序章】

014頁　米・国防語学学校外国語センター・アーカイブス（禁転載）

015頁　米・ゴールデンゲート国立レクレーションエリア、パーク・アーカイブス

017頁　米・国防語学学校外国語センター・アーカイブス（禁転載）

【第一章】

027頁　米・国防語学学校外国語センター・アーカイブス（禁転載）

029頁　米・国防語学学校外国語センター・アーカイブス（禁転載）

030頁　米・国防語学学校外国語センター・アーカイブス、キャメロン・ビンクリー撮影（禁転載）

033頁　米・国立公文書館

038頁　米・フーヴァー研究所アーカイブス、ケイ・I・キタガワ・コレクション、ボックス1

044頁　米・国立公文書館

047頁　米・国立公文書館

【第二章】

085頁　英・国立公文書館、FO 371/22192/4200

088頁　英・国立公文書館、FO 371/22192/3926

095頁　©マーガレット・ビーティー、SOAS図書館、合同改革教会

【第三章】

136頁　豪・国立公文書館、NAA: A446, 1958/44237

ちくま新書
1347

太平洋戦争《たいへいようせんそう》 日本語諜報戦《にほんごちょうほうせん》
——言語官《げんごかん》の活躍《かつやく》と試練《しれん》

二〇一八年八月一〇日 第一刷発行

著者 武田珂代子（たけだ・かよこ）

発行者 喜入冬子

発行所 株式会社 筑摩書房
東京都台東区蔵前二-五-三 郵便番号一一一-八七五五
振替〇〇一六〇-八-四一二三

装幀者 間村俊一

印刷・製本 三松堂印刷 株式会社

筑摩書房サービスセンター 電話〇四八-六五一-〇〇五三
〒三三一-八五〇七 さいたま市北区櫛引町二-六〇四

ISBN978-4-480-07162-0 C0231

ちくま新書

1341
昭和史講義【軍人篇】
筒井清忠編
戦争の責任は誰にあるのか。東条英機、石原莞爾、山本五十六ら、戦争を指導した帝国陸海軍の軍人たちの実像を最新研究をもとに描きなおし、その功罪を検証する。

1136
昭和史講義
――最新研究で見る戦争への道
筒井清忠編
なぜ昭和の日本は戦争へと向かったのか。複雑きわまる戦前期を正確に理解すべく、俗説を排して信頼できる史料に依拠。第一線の歴史家たちによる最新の研究成果。

1194
昭和史講義2
――専門研究者が見る戦争への道
筒井清忠編
なぜ戦前の日本は破綻への道を歩んだのか。その原因をより深く究明すべく、二十名の研究者が最新研究の成果を結集する。好評を博した昭和史講義シリーズ第二弾。

1266
昭和史講義3
――リーダーを通して見る戦争への道
筒井清忠編
昭和のリーダーたちの決断はなぜ戦争へと結びついたのか。近衛文麿、東条英機ら政治家・軍人のキーパーソン15名の生い立ちと行動を、最新研究によって跡づける。

1319
明治史講義【人物篇】
筒井清忠編
西郷・大久保から乃木希典まで明治史のキーパーソン22人を、気鋭の専門研究者が最新の知見をもとに徹底分析。確かな実証に基づく、信頼できる人物評伝集の決定版。

1318
明治史講義【テーマ篇】
小林和幸編
信頼できる研究を積み重ねる実証史家の知を結集。20のテーマで明治史研究の論点を整理し、変革と跳躍の時代を最新の観点から描き直す。まったく新しい近代史入門。

983
昭和戦前期の政党政治
――二大政党制はなぜ挫折したのか
筒井清忠
政友会・民政党の二大政党制はなぜ自壊したのか。軍部台頭の真の原因を探りつつ、大衆政治・劇場型政治が誕生した戦前期に、現代二大政党制の混迷の原型を探る。

ちくま新書

1184 昭和史　古川隆久
日本はなぜ戦争に突き進んだのか。私たちは、何を失い、何を手にしたのか。開戦から敗戦、復興、そして高度成長へと至る激動の64年間を、第一人者が一望する決定版！

457 昭和史の決定的瞬間　坂野潤治
日中戦争は軍国主義の後ではなく、改革の途中で始まった。生活改善の要求は、なぜ反戦の意思と結びつかなかったのか。日本の運命を変えた二年間の真相を追う。

948 日本近代史　坂野潤治
この国が革命に成功し、わずか数十年でめざましい近代化を実現しながら、やがて崩壊へと突き進まざるをえなかったのはなぜか。激動の八〇年を通観し、捉えなおす。

1082 第一次世界大戦　木村靖二
第一次世界大戦こそは、国際体制の変化、女性の社会進出、福祉国家化などをもたらした現代史の画期である。戦史的経過と社会的変遷の両面からたどる入門書。

1002 理想だらけの戦時下日本　井上寿一
格差・右傾化・政治不信……戦時下の社会は現代に重なる。その時、日本人は何を考え、何を望んでいたのか？体制側と国民側、両面織り交ぜながら真実を描く。

1132 大東亜戦争　敗北の本質　杉之尾宜生
なぜ日本は戦争に敗れたのか。情報・対情報・兵站の軽視、戦略や科学的思考の欠如、組織の制度疲労――多くの敗因を検討し、その奥に潜む失敗の本質を暴き出す。

1191 兵隊になった沢村栄治――戦時下職業野球連盟の偽装工作　山際康之
非運の投手・沢村栄治はなぜ戦地に追いやられたのか。そして沢村の悲劇を繰り返さぬための「偽装」とは何だったか。知られざる戦時下の野球界を初めて描き出す。

935
ソ連史
松戸清裕
二〇世紀に巨大な存在感を持ったソ連。「冷戦の敗者」「全体主義国家」の印象で語られがちなこの国の内実を丁寧にたどり、歴史の中での冷静な位置づけを試みる。

1019
近代中国史
岡本隆司
中国とは何か？　その原理を解く鍵は、近代史に隠されている。グローバル経済の奔流が渦巻きはじめた時代から、激動の歴史を構造的にとらえなおす。

1258
現代中国入門
光田剛編
あまりにも変化が速い現代中国。その実像を政治史、文化、思想、社会、軍事等の専門家がわかりやすく解説。歴史から最新情勢までバランスよく理解できる入門書。

1345
ロシアと中国 反米の戦略
廣瀬陽子
孤立を避け資源を売りたいロシア。軍事技術が欲しい中国。米国一強の国際秩序への対抗……。だが、中露蜜月の舞台裏では熾烈な主導権争いが繰り広げられている。

1342
世界史序説
——アジア史から一望する
岡本隆司
ユーラシア全域と海洋世界を視野にいれ、古代から現代までを一望。西洋中心的な歴史観を覆し、「世界史の構造」を大胆かつ明快に語る。あらたな通史、ここに誕生！

1033
平和構築入門
——その思想と方法を問いなおす
篠田英朗
平和はいかにしてつくられるものなのか。武力介入や犯罪処罰、開発援助、人命救助など、その実際的手法と背景にある思想をわかりやすく解説する、必読の入門書。

1111
平和のための戦争論
——集団的自衛権は何をもたらすのか？
植木千可子
「戦争をするか、否か」を決めるのは、私たちの責任になる。集団的自衛権の容認によって、日本と世界はどう変わるのか？　現実的な視点から徹底的に考えぬく。

ちくま新書

1122 平和憲法の深層　古関彰一

日本国憲法制定の知られざる内幕。そもそも平和憲法は押し付けだったのか。天皇制、沖縄、安全保障……その背後の政治的思惑、軍事戦略、憲法学者の主導権争い。

1075 慰安婦問題　熊谷奈緒子

従軍慰安婦は、なぜいま問題なのか。背景にある戦後補償問題、アジア女性基金などの経緯を解説。特定の立場によらない、バランスのとれた多面的理解を試みる。

1078 日本劣化論　笠井潔　白井聡

幼稚化した保守、アメリカと天皇、反知性主義の台頭、左右の迷走、日中衝突の末路……。戦後日本は一体どこまで堕ちていくのか？　安易な議論に与せず徹底討論。

1094 東京都市計画の遺産　——防災・復興・オリンピック　越澤明

幾多の惨禍から何度も再生してきた東京。だが、インフラ未整備の地区は数多い。首都大地震、防災への備え、五輪へ向けた国際都市づくりなど、いま何が必要か？

1196 戦後史の決定的瞬間　——写真家が見た激動の時代　藤原聡

時代が動く瞬間をとらえた一枚。その写真は希少な記録となり、背景を語った言葉は歴史の証言となった。日本を代表する写真家14人の131作品で振り返る戦後史。

1220 日本の安全保障　加藤朗

日本の安全保障が転機を迎えている。「積極的平和主義」とは何か？　自国の安全をいかに確保すべきか？　これらの点を現実的に考え、日本が選ぶべき道を示す。

1236 日本の戦略外交　鈴木美勝

外交取材のエキスパートが読む世界史ゲームのいま。「歴史」の和解と打算、機略縦横の駆け引き、舞台裏で支えるキーマンの素顔……。戦略的リアリズムとは何か！

1240
あやつられる難民
――政府、国連、NGOのはざまで
米川正子
いま世界の難民は国連と各国政府、人道支援団体の間で翻弄されている。難民本位の支援はなぜ実現しないのか。アフリカ現地での支援経験を踏まえ、批判的に報告する。

1250
憲法サバイバル
――「憲法・戦争・天皇」をめぐる四つの対談
ちくま新書編集部編
施行から70年が経とうとしている日本国憲法。改憲論議も巻き起こり、改めてそのあり方が問われている。問題の本質はどこにあるのか？　憲法をめぐる白熱の対談集。

1267
ほんとうの憲法
――戦後日本憲法学批判
篠田英朗
憲法九条や集団的自衛権をめぐる日本の憲法学者の議論はなぜガラパゴス化したのか。歴史的経緯を踏まえ、政治学の立場から国際協調主義による平和構築を訴える。

1280
兵学思想入門
――禁じられた知の封印を解く
拳骨拓史
明治維新の原動力となった日本の兵学思想。その独自の国家観・戦争観はいつ生まれ、いかに発展し、なぜ封印されるに至ったのか。秘められた知の全貌を解き明かす。

1285
イスラーム思想を読みとく
松山洋平
「過激派」と「穏健派」はどこが違うのか？　テロに警鐘を鳴らすのでも、平和な宗教として擁護するのでもない、イスラームの対立構造を浮き彫りにする一冊。

1272
入門　ユダヤ思想
合田正人
世界中に散りつつ一つの「民族」の名のもとに存続するユダヤ。居場所とアイデンティティを探求するその英知とは？　起源・異境・言語等、キーワードで核心に迫る。

1062
日本語の近代
――はずされた漢語
今野真二
漢語と和語が深く結びついた日本語のシステムから、日清戦争を境に漢字・漢語がはずされていく。明治期の小学教材を通して日本語への人為的コントロールを追う。